Katrin Schmallowsky
Analysis verstehen

Katrin Schmallowsky

Analysis verstehen

für Wirtschaftswissenschaftler

UVK Verlagsgesellschaft mbH · Konstanz
mit UVK/Lucius · München

Prof. Dr. Katrin Schmallowsky,
Unternehmensberaterin für den Mittelstand, ist Professorin für Mathematik an der NBS Northern Business School in Hamburg. Sie lehrt außerdem an verschiedenen Hochschulen, darunter die Hochschule Wismar, unter anderem Wirtschaftsmathematik, Statistik, Unternehmensbewertung und Mergers and Acquisitions.

Bibliografische Information der Deutschen Bibliothek
Die Deutsche Bibliothek verzeichnet diese Publikation in der Deutschen Nationalbibliografie; detaillierte bibliografische Daten sind im Internet über <http://dnb.ddb.de> abrufbar.

ISBN 978-3-86764-804-2 (Print)
ISBN 978-3-7398-0344-9 (E-PUB)
ISBN 978-3-7398-0345-6 (E-PDF)

Lektorat: Rainer Berger, München
Abbildungen: erstellt mit GeoGebra (www.geogebra.org)
Einbandgestaltung: Susanne Fuellhaas, Konstanz
Printed in Germany

UVK Verlagsgesellschaft mbH
Schützenstr. 24 · 78462 Konstanz
Tel. 07531-9053-0 · Fax 07531-9053-98
www.uvk.de

Vorwort

Für viele Studierende der Wirtschaftswissenschaften stellt das Erlernen mathematischer Inhalte und Methoden eine große Herausforderung dar. Dem gegenüber steht die aus der technologischen Entwicklung resultierende Notwendigkeit, gerade in den Wirtschaftswissenschaften die naturwissenschaftliche Methodenkompetenz der Studierenden immer stärker zu schulen.
Das vorliegende Lehrbuch ist durch langjährige Dozententätigkeiten in der Wirtschaftsmathematik an verschiedenen Hochschulen entstanden. Es behandelt die für Wirtschaftswissenschaftler wichtigsten Themenfelder der Analysis und verzichtet weitgehend auf Herleitungen und Beweise, um den Fokus auf die wirtschaftswissenschaftlichen Anwendungen der Analysis zu lenken.
Die Themen umfassen zunächst eine Einführung in Folgen und Reihen, wobei besonderer Wert auf die Anwendung der Inhalte in der Finanzmathematik in Form der Rentenrechnung gelegt wurde. In den folgenden Kapiteln werden häufig vorkommende (ökonomische) Funktionen und ihre Eigenschaften betrachtet sowie die in den Wirtschaftswissenschaften häufig auftretenden Anwendungen der Differentialrechnung, auch für mehrdimensionale Funktionen, vorgestellt. Die elementare Integralrechnung ist um die Bestimmung von Konsumenten- und Produzentenrente ergänzt.
Zahlreiche Beispiele und Übungsaufgaben, für welche die Lösungen am Ende des Buches zusammengefasst sind, erleichtern dem Leser das Erlernen des Stoffes. Die Erstellung der Grafiken erfolgte mit der Software **GeoGebra**[1].
Die Erstellung eines Lehrbuches erfordert stets eine nicht unerhebliche Menge an Zeit und ich danke meinem Mann, Prof. Dr. Thomas Schmallowsky sowie meinen Söhnen Lasse und Theo für die Schaffung der entsprechenden Freiräume.

Wismar, Juni 2017 Katrin Schmallowsky

[1]© International GeoGebra Institute, 2013, http://www.geogebra.org

Inhaltsverzeichnis

Symbolverzeichnis

$\mathbb{N}$ .... Natürliche Zahlen

$\mathbb{R}$ .... Reelle Zahlen

$\mathbb{R}^n$ .... n-dimensionaler Raum der reellen Zahlen

$\mathbb{Z}$ .... ganze Zahlen

$n \in \mathbb{N}$ .... n ist Element der natürlichen Zahlen

a_n .... n-tes Folgeglied bzw. Folgenvorschrift

$\lim\limits_{n\to\infty} a_n$ .... Grenzwert der Folge a_n

$\sum\limits_{k=1}^{n} a_n$ .... Partialsumme s_n

K_0 .... Kapital zum Zeitpunkt Null, auch Rentenbarwert

K_n .... Kapital nach n Jahren, auch Rentenendwert

R .... gleichbleibende Ratenzahlung

p .... Zinsfuß

q .... Aufzinsungsfaktor, $q = 1 + \frac{p}{100}$

D_f .... Definitionsbereich der Funktion $f(x)$

W_f .... Wertebereich der Funktion $f(x)$

$U_\varepsilon(x)$ .... $\varepsilon-$ Umgebung von x

$A \subseteq B$	Die Menge A ist Teilmenge der Menge B.
$f \circ g$	Komposition der Funktionen f und g
$f^{-1}(y)$	Umkehrfunktion
$\lim_{x \to x^{*-}} f(x)$	linksseitiger Grenzwert von f an der Stelle x^*
$\lim_{x \to x^{*+}} f(x)$	rechtsseitiger Grenzwert von f an der Stelle x^*
$f'(x)$	erste Ableitung von $f(x)$, auch Differentialquotient
$\frac{dy}{dx}$	Differentialquotient, auch erste Ableitung von $f(x)$
$\frac{d}{dx}f(x)$	Differentialquotient, auch erste Ableitung von $f(x)$
$f''(x)$	zweite Ableitung von $f(x)$
$\frac{d^2y}{d^2x}$	zweite Ableitung von $f(x)$
Δx	Änderung von x
$\frac{\Delta y}{\Delta x}$	Differenzenquotient
$df(x)$	Differential, auch dy
$w_f(x)$	Wachstumsrate
$\varepsilon_{yx}(x)$	Elastizität von y in Bezug auf x
$F(x)$	Stammfunktion von $f(x)$, auch unbestimmtes Integral
$\int f(x)dx$	unbestimmtes Integral, auch Stammfunktion von $f(x)$
$\int_a^b f(x)dx$	bestimmtes Integral
f_{x_i}	partielle Ableitung erster Ordnung
∇f	Gradient
$f_{x_i x_j}$	partielle Ableitung zweiter Ordnung
H_f	Hessematrix
$\varepsilon_{x_i p_j}$	Kreuzpreiselastizität
$\|A_i\|$	Hauptunterdeterminante i-ter Ordnung

Verwendete Griechische Buchstaben

α, A .... Alpha

β, B .... Beta

δ, Δ .... Delta

ϵ, ε .... Epsilon

λ, Λ .... Lambda

π, Π .... Pi

Verwendete Symbole

 .... Aufgabe

 .... Beispiel

 .... Definition

.... Satz

1 Folgen und Reihen

Folgen und Reihen spielen in vielen ökonomischen Fragestellungen eine wichtige Rolle. So lassen sich beispielsweise die Zinsrechnung, die Rentenrechnung und auch die Unternehmensbewertung auf Folgen und Reihen zurückführen. In diesem Kapitel sollen zunächst Folgen sowie deren wesentliche Eigenschaften vorgestellt werden. Im zweiten Teil des Kapitels erfolgt die Erweiterung auf Reihen; dabei wird insbesondere auf die genannten Anwendungen eingegangen.

1.1 Folgen

Betrachtet man für eine beliebige Abbildung nur jene Werte, die sich durch Einsetzen von Argumenten n aus den natürlichen Zahlen ergeben, so erhält man eine Punktmenge, die sogenannte **Folge**. Durch die Wahl der Argumente n aus den natürlichen Zahlen ist in der Folge gleichzeitig eine Reihenfolge festgelegt. Ist die **Indexmenge** $\mathbb{N}$ unbegrenzt, so spricht man von einer **unendlichen Folge**, ansonsten von einer **endlichen Folge**.

Definition 1.1.1
Eine **Folge** ist eine Abbildung

$$\begin{aligned} f: \mathbb{N} &\longrightarrow \mathbb{R} \\ n &\longmapsto f(n). \end{aligned}$$

Der Wert $a_n := f(n)$, $n = 1, 2, \ldots$ heißt **n-tes Folgeglied**, a_1 ist der **Startwert**; übliche Schreibweisen für Folgen sind $f = (a_n)_{n \in \mathbb{N}}$ oder (a_n).

Bemerkung 1.1.1
Für Folgen sind verschiedene Darstellungsformen definiert:

- explizite Darstellung (a_n) mit der **Folgenvorschrift** $a_n = f(n)$
- Aufzählung: $(a_n) = \{a_1, a_2, a_3, \ldots\}$
- rekursive Darstellung (a_n) mit $a_n = f(a_{n-1}), a_1$ gegeben

Die Aufzählung wird üblicherweise bei endlichen Folgen verwendet oder in Fällen, in welchen zum Beispiel durch Messungen nur einzelne Werte bekannt sind. Aus diesen Messwerten soll dann die rekursive oder die explizite Darstellung abgeleitet werden.
Die rekursive Darstellung birgt den Nachteil, dass für hohe Indizes zunächst alle vorherigen Folgeglieder bestimmt werden müssen. Die häufigste Verwendung findet daher die explizite Darstellung, da bei dieser die Berechnung eines Folgegliedes unabhängig von allen vorherigen Folgegliedern ist. Im folgenden Beispiel sind für vier Folgen die verschiedenen Darstellungsformen angegeben.

Beispiel 1.1.1

1. Die Folge (a_n) mit $a_n = n$ kann wie folgt dargestellt werden:
   - explizite Darstellung: $a_n = n$
   - Aufzählung: $(a_n) = \{1, 2, 3, \ldots\}$
   - rekursive Darstellung: $a_n = a_{n-1} + 1, a_1 = 1$.
2. Die Folge (a_n) mit $a_n = (-1)^n$ kann wie folgt dargestellt werden:
   - explizite Darstellung: $a_n = (-1)^n$
   - Aufzählung: $(a_n) = \{-1, 1, -1, \ldots\}$
   - rekursive Darstellung: $a_n = a_{n-1} \cdot (-1), a_1 = -1$.
3. Die Folge (a_n) mit $a_n = n^2$ kann wie folgt dargestellt werden:
   - explizite Darstellung: $a_n = n^2$
   - Aufzählung: $(a_n) = \{1, 4, 9, 16, 25, \ldots\}$
   - rekursive Darstellung: $a_n = (\sqrt{a_{n-1}} + 1)^2, a_1 = 1$.

1.1.1 Eigenschaften von Folgen

Im Folgenden werden die wichtigsten Eigenschaften von Folgen vorgestellt.

Monotonie und Beschränktheit

Eine wichtige Rolle bei der Auswertung von Folgen spielt die Frage, ob die Folge eine gleichmäßige Entwicklung beschreibt und ob der Entwicklung einer Folge Grenzen gesetzt sind.

Definition 1.1.2
Eine Folge (a_n) heißt

- **monoton wachsend**, wenn für alle $n \in \mathbb{N}$ gilt :

$$a_{n-1} \leq a_n;$$

- **monoton fallend**, wenn für alle $n \in \mathbb{N}$ gilt :

$$a_{n-1} \geq a_n;$$

- **streng monoton wachsend**, wenn für alle $n \in \mathbb{N}$ gilt :

$$a_{n-1} < a_n;$$

- **streng monoton fallend**, wenn für alle $n \in \mathbb{N}$ gilt :

$$a_{n-1} > a_n;$$

- Eine Folge heißt **nach unten bzw. nach oben beschränkt**, wenn für alle $n \in \mathbb{N}$ gilt:

$$a_n \geq u \in \mathbb{R} \text{ bzw. } a_n \leq o \in \mathbb{R},$$

  Der Wert u wird als **untere Schranke**, o als **obere Schranke** bezeichnet.

- Eine Folge heißt **beschränkt** falls sie nach unten und oben beschränkt ist

$$u \leq a_n \leq o.$$

Beispiel 1.1.2

1. Gegeben sei die Folge (a_n) mit $a_n = \frac{1}{2^n}$. Es ist $(a_n) = \{\frac{1}{2}, \frac{1}{4}, \frac{1}{8}, \ldots\}$; diese Folge ist streng monoton fallend und beschränkt durch $0 \leq a_n \leq \frac{1}{2}$.

2. Gegeben sei die Folge (a_n) mit $a_n = \sqrt{n}$. Es ist $(a_n) = \{1, \sqrt{2}, \sqrt{3}, \ldots\}$; diese Folge ist streng monoton wachsend und nach unten beschränkt durch $u = 1$.

3. Gegeben sei die Folge (a_n) mit $a_n = \frac{n-1}{n}$. Es ist $(a_n) = \{0, \frac{1}{2}, \frac{2}{3}, \ldots\}$; diese Folge ist streng monoton wachsend und beschränkt durch $0 \leq a_n \leq 1$.

Da für Folgen die üblichen Rechenoperationen (Addition, skalare Multiplikation und Multiplikation von Folgen) definiert sind, setzen sich die soeben betrachteten Eigenschaften entsprechend der nachfolgenden Sätze fort.

Satz 1.1.1 Seien (a_n) und (b_n) gleichgerichtete monotone reelle Folgen und $\alpha \in \mathbb{R}$. Dann sind die Folgen

1. $(a_n + b_n)$;
2. $\alpha \cdot (a_n)$;
3. $(a_n \cdot b_n)$

ebenfalls monoton. Für $\alpha > 0$ bleibt die Richtung der Monotonie erhalten, für $\alpha < 0$ kehrt sich die Richtung der Monotonie um.

Satz 1.1.2
Seien (a_n) und (b_n) beschränkte reelle Folgen und $\alpha \in \mathbb{R}$. Dann sind die Folgen

1. $(a_n + b_n)$;
2. $\alpha \cdot (a_n)$;
3. $(a_n \cdot b_n)$

ebenfalls beschränkt.

Konvergenz

Häufig soll untersucht werden, ob eine Folge über einen langen Zeitraum gegen einen bestimmten Wert strebt. Zur Beantwortung dieser Frage wird eine **Konvergenzuntersuchung** durchgeführt. Kommen die Glieder a_n der Folge mit wachsendem Index n einem Grenzwert a beliebig nahe, so nennt man die Zahlenfolge (a_n) **konvergent**.

Definition 1.1.3
Eine Folge (a_n) heißt **konvergent mit dem Grenzwert** a, falls zu jedem $\epsilon > 0$ eine Zahl $n_\epsilon \in \mathbb{N}$ existiert, so dass

$$\text{für alle } n \geq n_\epsilon \text{ gilt } |a_n - a| < \epsilon.$$

Man schreibt dann $\lim\limits_{n\to\infty} a_n = a$ oder $a_n \to a$ für $n \to \infty$. Eine Folge, die nicht konvergent ist, nennt man **divergent**.

Obige Aussage muss dabei für jedes $\epsilon > 0$ erfüllbar sein. Je kleiner ϵ gewählt wird, umso größer wird der Index n_ϵ, ab welchem die Bedingung erfüllt ist.

Beispiel 1.1.3
Betrachtet werde die Folge (a_n) mit $a_n = \frac{1}{n}$. Es ist $\lim\limits_{n\to\infty} \frac{1}{n} = 0$.
Beweis: Sei $\epsilon > 0$ sehr klein und $n_\epsilon > \frac{1}{\sqrt{\epsilon}}$, dann folgt

$$\text{für alle } n \geq n_\epsilon > \frac{1}{\epsilon} \text{ gilt } |\frac{1}{n} - 0| = \frac{1}{n} < \frac{1}{n_\epsilon} < \frac{1}{\left(\frac{1}{\epsilon}\right)^2} = \epsilon.$$

Der Begriff der **Divergenz** wird häufig zusätzlich unterschieden in *echte Divergenz* und *uneigentliche Konvergenz*.

Definition 1.1.4
Sei (a_n) eine Folge. Dann ist

- $\lim\limits_{n\to\infty} a_n = \infty$, falls für alle $M > 0$ ein $n_M \in \mathbb{N}$ existiert, sodass für alle $n \geq n_M$ gilt $a_n > M$.
- $\lim\limits_{n\to\infty} a_n = -\infty$, falls für alle $M > 0$ ein $n_M \in \mathbb{N}$ existiert, sodass für alle $n \geq n_M$ gilt $a_n < -M$.

Diese Aussagen müssen für alle positiven Werte von M, insbesondere für sehr große Werte, erfüllt sein. Sie werden daher umgangssprachlich auch gesprochen als *die Folge wächst über bzw. fällt unter alle Schranken.*
Bei den meisten Folgen ist der Grenzwert anhand der expliziten Darstellung der Folge leicht ablesbar. Im folgenden Beispiel sind Grenzwerte häufig verwendeter Folgen angegeben.

Beispiel 1.1.4

- $\lim\limits_{n\to\infty} \frac{1}{n^a} = 0$ für $a > 0$.
- $\lim\limits_{n\to\infty} n^a = \infty$ für $a > 0$. Die Folge ist uneigentlich konvergent.
- $\lim\limits_{n\to\infty} \frac{n^a}{a^n} = 0$ für $a > 1$.
- $\lim\limits_{n\to\infty} \left(1 + \frac{1}{k}\right)^k = e = 2,7182818\ldots$
- Die Folge (a_n) mit $a_n = (-1)^n$ ist divergent, sie oszilliert zwischen -1 und 1.
- $\lim\limits_{n\to\infty} (-1)^n \cdot \frac{1}{n} = 0$.

Satz 1.1.3
Eine monotone und beschränkte Folge ist konvergent.

Beispiel 1.1.5
Gegeben sei die Folge (a_n) mit $a_n = 4 - \frac{1}{n}$. Es ist $(a_n) = \{3; \frac{7}{2}; \frac{11}{3}; \frac{15}{4}, \ldots\}$.
Diese Folge ist monoton wachsend, da

$$4 - \frac{1}{n+1} \geq 4 - \frac{1}{n}.$$

Sie ist ferner beschränkt durch

$$3 \leq a_n \leq 4 \text{ für } n \in \mathbb{N}.$$

Es gilt

$$\lim_{n\to\infty} a_n = 4.$$

Auch für zusammengesetzte Folgen werden Grenzwerte gesucht. Die folgenden **Grenzwertsätze** erleichtern die Bestimmung.

Satz 1.1.4
Seien (a_n) und (b_n) konvergente Folgen mit den Grenzwerten a und b und sei $\alpha \in \mathbb{R}$. Dann gelten:

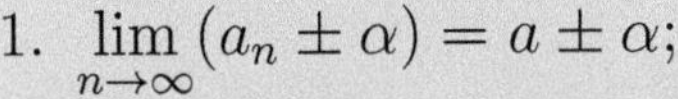

1. $\lim\limits_{n\to\infty}(a_n \pm \alpha) = a \pm \alpha$;
2. $\lim\limits_{n\to\infty}(\alpha \cdot a_n) = \alpha \cdot a$;
3. $\lim\limits_{n\to\infty}(a_n \pm b_n) = a \pm b$;
4. $\lim\limits_{n\to\infty}(a_n \cdot b_n) = a \cdot b$;
5. $\lim\limits_{n\to\infty}\left(\frac{a_n}{b_n}\right) = \frac{a}{b}$,
   wobei $b_n \neq 0$ für alle $n \in \mathbb{N}$ und $b \neq 0$

Beispiel 1.1.6

1. Gegeben sei die Folge (a_n) mit $a_n = \frac{1}{n} \cdot \left(\frac{n-1}{n}\right)$. Es ist

$$\lim_{n\to\infty} \frac{n-1}{n} = \lim_{n\to\infty} 1 - \frac{1}{n} = \lim_{n\to\infty} 1 - \lim_{n\to\infty} \frac{1}{n} = 1 - 0 = 1.$$

   Damit gilt

$$\lim_{n\to\infty} a_n = \lim_{n\to\infty} \frac{1}{n} \cdot \lim_{n\to\infty} \frac{n-1}{n} = 0 \cdot 1 = 0.$$

2. Gegeben sei die Folge (a_n) mit $a_n = \frac{n^2-(n-1)^2}{n}$. Dann ist

$$a_n = \frac{n^2-(n-1)^2}{n} = \frac{n^2-(n^2-2n+1)}{n} = \frac{n^2-n^2+2n-1}{n}$$
$$= \frac{n(2-\frac{1}{n})}{n} = 2 - \frac{1}{n};$$

   also ist

$$\lim_{n\to\infty} a_n = \lim_{n\to\infty} 2 - \frac{1}{n} = \lim_{n\to\infty} 2 - \lim_{n\to\infty} \frac{1}{n} = 2 - 0 = 2.$$

Ein Sonderfall liegt bei Folgen vor, welche in Zähler und Nenner Polynome enthalten.

Bemerkung 1.1.2
Besteht die Folge aus Polynomen in Zähler und Nenner, so gilt

- Ist die höchste Potenz des Zählers **größer** als die höchste Potenz des Nenners, dann konvergiert die Folge uneigentlich gegen $\pm$ Unendlich.
- Ist die höchste Potenz des Zählers **kleiner** als die höchste Potenz des Nenners, dann konvergiert die Folge gegen Null.
- Stimmt die höchste Potenz des Zählers mit der höchsten Potenz des Nenners überein, so konvergiert die Folge gegen den Quotienten der beiden führenden Koeffizienten.

Diese Vorgehensweise lässt sich auch auf Exponentialausdrücke übertragen.

Beispiel 1.1.7

1. Betrachtet werde die Folge (a_n) mit $a_n = \frac{2n^3-n^2+45}{n^3+4n^2-6}$. Es ist

$$a_n = \frac{n^3(2 - \frac{1}{n} + \frac{45}{n^3})}{n^3(1 + \frac{4}{n} - \frac{6}{n^3})} = \frac{2 - \frac{1}{n} + \frac{45}{n^3}}{1 + \frac{4}{n} - \frac{6}{n^3}}.$$

   Da $\lim\limits_{n\to\infty} \frac{1}{n} = 0$, $\lim\limits_{n\to\infty} \frac{45}{n^3} = 0$, $\lim\limits_{n\to\infty} \frac{4}{n} = 0$ und $\lim\limits_{n\to\infty} \frac{6}{n^3} = 0$, folgt

$$\lim_{n\to\infty} a_n = \frac{2}{1}.$$

2. Es ist $a_n = \frac{n+5}{n^3-n^2+23} \to 0$.

3. Es ist $a_n = \frac{n^5-n^3+2n}{n^2+4n-75} \to \infty$.

4. Gegeben sei die Folge (a_n) mit $a_n = n \cdot \left(\frac{n^3-1}{n^3} - \frac{n(n-1)}{n^2}\right)$.
   Dann ist $a_n = n \cdot \left(\frac{n^3-1}{n^3} - \frac{n^2-n}{n^2}\right) = n \cdot \left(\frac{n^3-1}{n^3} - \frac{n^3-n^2}{n^3}\right) = n \cdot \left(\frac{n^3-1-n^3+n^2}{n^3}\right)$
   $= n \cdot \frac{n^3-1-n^3+n^2}{n^3} = n \cdot \frac{n^2-1}{n^3} = \frac{n^3-n}{n^3}$ und daher ist

$$\lim_{n\to\infty} a_n = 1.$$

1.1.2 spezielle Folgen

In diesem Abschnitt werden besondere Folgen vorgestellt und wesentliche Anwendungen erläutert.

Definition 1.1.5

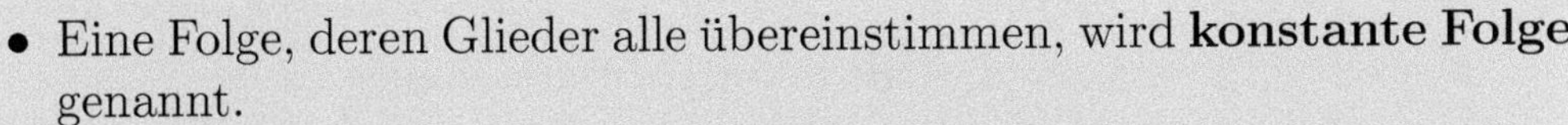

- Eine Folge, deren Glieder alle übereinstimmen, wird **konstante Folge** genannt.

$$a_n = a_1 \text{ für alle } n \in \mathbb{N}.$$

- Eine Folge, deren Werte abwechselnd positiv und negativ sind, heißt **alternierende Folge**.

$$a_n \cdot a_{n+1} < 0 \text{ bzw. } a_n = (-1)^n b_n \text{ für eine nicht alternierende Folge } (b_n).$$

- Eine Folge, die gegen 0 konvergiert, heißt **Nullfolge**.

$$\lim_{n \to \infty} a_n = 0.$$

Für die oben genannten Folgen gelten folgende Zusammenhänge.

Bemerkung 1.1.3

- Eine konstante Folge ist immer beschränkt und konvergent.
- Eine alternierende Folge ist nicht monoton.

Beispiel 1.1.8

1. Die Folge (a_n) mit $a_n = 2$ für alle $n \in \mathbb{N}$ ist konstant.
2. Die Folge (a_n) mit $a_n = \frac{1}{2^n}$ ist eine Nullfolge.
3. Die Folge (a_n) mit $a_n = \frac{1}{3n}$ ist eine Nullfolge.
4. Die Folge (a_n) mit $a_n = (-1)^n \frac{1}{n^2}$ ist eine alternierende Folge mit dem Grenzwert 0.

Die ökonomischen Anwedungsgebiete der Folgen lassen sich in weiten Teilen auf zwei spezielle Folgen zurückführen, welche im Folgenden vorgestellt werden.

Arithmetische Folgen

Definition 1.1.6
Eine **arithmetische Folge** ist eine Zahlenfolge, bei der die Differenz zweier benachbarter Folgeglieder konstant ist,

$$a_{n+1} = a_n + d \text{ (rekursive Darstellung).}$$

Das $k-$te Glied dieser Folge berechnet sich aus

$$a_n = a_1 + (n-1)d \text{ (explizite Darstellung).}$$

Der Name **arithmetische Folge** ergibt sich aus der Tatsache, dass ein Folgeglied stets dem arithmetischen Mittel aus Vor- und Folgeglied entspricht:

$$a_n = \frac{a_{n+1} + a_{n-1}}{2}.$$

Eine arithmetische Folge ist durch das Anfangsglied a_1 und die Differenz d der Folgeglieder eindeutig bestimmt.

Bemerkung 1.1.4
Jede arithmetische Folge $a_n = a_1 + (n-1)d$ mit $d \neq 0$ ist uneigentlich konvergent und nicht beschränkt.

Beispiel 1.1.9

1. Die Folge der ungeraden natürlichen Zahlen $\{1, 3, 5, \ldots, 2n+1\}$ ist eine arithmetische Folge mit Anfangsglied $a_1 = 1$ und Differenz $d = 2$. Die explizite Darstellung der Folge ergibt sich zu $a_n = 1 + (n-1) \cdot 2$.

2. Die Folge $\{3, 7, 11, 15, \ldots\}$ ist eine arithmetische Folge mit Anfangsglied $a_1 = 3$ und Differenz $d = 4$. Die explizite Darstellung der Folge ergibt sich zu $a_n = 3 + (n-1) \cdot 4$.

3. Die Folge $\{8, 5, 2, -1, -4, \ldots\}$ ist eine arithmetische Folge mit Anfangsglied $a_1 = 8$ und Differenz $d = -3$. Die explizite Darstellung der Folge ergibt sich zu $a_n = 8 + (n-1) \cdot (-3)$.

4. In einem Unternehmen wird ein Gut im Wert von 25.000 EUR angeschafft, welches eine Nutzungsdauer von 10 Jahren ausweist.
   Die Entwicklung des Restbuchwertes des angeschafften Gutes entspricht dann einer arithmetischen Folge mit Anfangsglied $a_1 = 25.000$ und Differenz $d = -\frac{25.000}{10} = -2.500$ EUR.
   Die explizite Darstellung der Folge ergibt sich zu

   $$a_n = 25.000 + (n-1) \cdot (-2.500).$$

   Mithilfe der expliziten Darstellung kann nun der Restbuchwert nach sechs Jahren angegeben werden, ohne die vorherigen Folgeglieder zu berechnen:

   $$a_6 = 25.000 + (6-1) \cdot (-2.500) = 25.000 - 12.500 = 12.500,$$

   der Restbuchwert nach sechs Jahren beträgt 12.500 EUR.

Geometrische Folgen

Definition 1.1.7
Eine **geometrische Folge** ist eine Zahlenfolge, bei der das Verhältnis (der Quotient) zweier benachbarter Folgeglieder konstant ist,

$$a_n = a_1 q^{n-1}, \text{ (explizite Form);}$$

bzw.

$$a_{n+1} = a_n q, \text{ (rekursive Form).}$$

Der Name **geometrische Folge** ergibt sich aus der Tatsache, dass ein Folgeglied stets dem geometrischen Mittel aus Vor- und Folgeglied entspricht:

$$a_n = \sqrt{a_{n-1} a_{n+1}}.$$

Eine geometrische Folge ist durch das Anfangsglied a_1 und den Vervielfältiger q der Folgeglieder eindeutig bestimmt.

Beispiel 1.1.10

1. Die Folge $(a_n) = \{3, 6, 12, 24, \ldots\}$ ist eine geometrische Folge mit dem Anfangsglied $a_1 = 3$ und Vervielfältiger $q = 2$. Die explizite Darstellung der Folge ergibt sich zu $a_n = 3 \cdot 2^{n-1}$.

2. Ein Bankkunde legt 3.000 EUR bei seiner Bank an. Diese sichert ihm 3% Zinsen p.a. (mit Zinseszins) zu. Gemäß der Zinsformel

$$K_n = K_0 \left(1 + \frac{p}{100}\right)^n$$

gilt für das vorliegende Beispiel $K_n = 3.000 \cdot 1,03^n$. Dies entspricht bereits einer geometrischen Folge. Allerdings entspricht der Anfangswert dieser geometrischen Folge $a_0 = 3.000$. Um eine einheitliche Notation zu erhalten, kann diese Folge an die bisher verwendete Notation angepasst werden:

$$K_n = 3.000 \cdot 1,03^n = 3.000 \cdot 1,03 \cdot 1,03^{n-1} = 3.090 \cdot 1,03^{n-1}.$$

Die Entwicklung des Gesamtkapitals entspricht somit einer geometrischen Folge mit Anfangsglied $a_1 = 3.090$ EUR und Vervielfältiger $q = 1,03$.

Bemerkung 1.1.5
Für eine geometrische Folge gilt

$$\lim_{n\to\infty} a_n = \lim_{n\to\infty} a_1 q^{n-1} = a_1 \lim_{n\to\infty} q^{n-1}$$

und damit folgt:

1. Eine geometrische Folge mit $|q| < 1$ konvergiert gegen 0.

2. Für $q = 1$ erhält man die konstante Folge $\{a_1, a_1, \ldots\}$.

3. Für $q = -1$ erhält man die alternierende Folge $\{a_1, -a_1, a_1, \ldots\}$, diese ist divergent.

4. Für $|q| > 1$ ist die geometrische Folge divergent.

Sowohl bei der arithmetischen als auch bei der geometrischen Folge sollte der erste Schritt zu einer Lösung stets die Bestimmung von a_1 und d im Falle der arithmetischen Folge bzw. a_1 und q im Falle der geometrischen Folge sein.

Aufgaben

Aufgabe 1.1.1

Geben Sie zu den Folgen die jeweils fehlenden Darstellungsformen an:

a) $(a_n) = \{0, \frac{1}{2}, \frac{2}{3}, \ldots\}$

b) $a_n = 3 \cdot 2^{n-1}$

c) $a_n = 2 \cdot a_{n-1}, a_1 = 3$

d) $a_n = \{2, 3, 2, 3, \ldots\}$

Aufgabe 1.1.2

Untersuchen Sie die Folgen auf Monotonie und Beschränktheit.

a) $a_n = 1 + \frac{1}{n}$

b) $a_n = n^2 - n$

c) $a_n = \frac{n-1}{n} - 1$

Aufgabe 1.1.3

Untersuchen Sie die Folgen auf Konvergenz

a) $a_n = \frac{4n-6}{2n}$

b) $a_n = \frac{\sqrt{n}}{n}$

Aufgabe 1.1.4

Untersuchen Sie die Folgen mithilfe der Grenzwertsätze auf Konvergenz.

a) $a_n = \frac{6n(n^2-25n)-15}{2n^3}$

b) $a_n = \frac{9n^2-2n+16}{3n^3-5}$

c) $a_n = \frac{7n^4-2n^3+5n-12}{n(3n^2+11)-2n^2}$

d) $a_n = n \cdot \left(\frac{n^2-n}{n^2} - \frac{n+1}{n}\right)$

Aufgabe 1.1.5

Geben Sie für die Folgen an, ob es sich um eine arithmetische oder eine geometrische Folge handelt. Geben Sie ferner die explizite Darstellung der Folge an.

a) $(a_n) = \{4, 7, 10, \ldots\}$

b) $(a_n) = \{2, 4, 8, 16, \ldots\}$

c) $(a_n) = \{\frac{5}{3}, \frac{5}{9}, \frac{5}{27}, \ldots\}$

d) $(a_n) = \{16, 8, 0, -8, \ldots\}$

e) $(a_n) = \{16, 4, 1, \frac{1}{4}, \frac{1}{16}, \ldots\}$

f) $(a_n) = \{27, 22, 17, 12, \ldots\}$

g) $(a_n) = \{1; 0,7; 0,49; \ldots\}$

Aufgabe 1.1.6

Ein Unternehmen produziert im ersten Jahr 12.000 Stück eines Gutes. Durch gezielte Marketing-Strategien soll die Produktion und somit auch die Absatzmenge jährlich um 5% gesteigert werden.

a) Geben Sie die explizite Darstellung der Folge an.

b) Welche Stückzahlen werden im vierten bzw. im achten Jahr produziert?

Aufgabe 1.1.7

Ein Schwimmer legt am ersten Trainingstag 500 m zurück. Diese Strecke soll pro Trainingstag um 150 m gesteigert werden.

a) Geben Sie die explizite Darstellung der Folge an.

b) Welche Strecke legt der Schwimmer am dritten bzw. am neunten Tag zurück?

Aufgabe 1.1.8

Wie lange dauert es, bis sich bei 2% Zinsen p.a. ein Kapital von 2.000 EUR verdoppelt hat bei

a) einfacher Verzinsung?

b) Verzinsung mit Zinseszins?

1.2 Reihen

Aus jeder Zahlenfolge (a_n) kann eine **Zahlenreihe** gebildet werden.

Definition 1.2.1
Sei (a_n) eine Folge. Dann heißt

$$s_n := \sum_{k=1}^{n} a_k = a_1 + a_2 + \cdots + a_n$$

$n-$**te Partialsumme** von (a_n). $\sum\limits_{n=1}^{\infty} a_n = \lim\limits_{n\to\infty} s_n$ heißt **unendliche Reihe**.

Die Reihe $\sum\limits_{n=1}^{\infty} a_n$ heißt **konvergent**, wenn die Folge der Partialsummen (s_n) konvergent ist. Gilt

$$\lim_{n\to\infty} s_n = s,$$

so heißt s der **Reihenwert** und man schreibt $s = \sum\limits_{n=1}^{\infty} a_n$. Die Reihe $\sum_{n=1}^{\infty} a_n$ heißt **divergent**, wenn sie nicht konvergent ist.

Besondere Anwendungen ergeben sich für die im letzten Abschnitt betrachteten speziellen Folgen.

Arithmetische Reihe

Definition 1.2.2
Eine **arithmetische Reihe** ergibt sich als Summe der Glieder einer arithmetischen Folge. Die Summe der ersten n Folgeglieder einer arithmetischen Folge

$$s_n = a_1 + (a_1 + d) + (a_1 + 2d) + \cdots + (a_1 + (n-1)d) = \sum_{k=1}^{n}(a_1 + (k-1)d)$$

wird als **Partialsumme** bezeichnet

Zumeist interessiert man sich in Anwendungen eher für den Wert der Partialsummen als für den Reihenwert, sodass deren Berechnung im folgenden Satz thematisiert wird.

Satz 1.2.1
Zur Berechnung der Partialsummen s_n einer arithmetischen Folge gilt folgende Formel:

$$s_n = \sum_{k=1}^{n}(a_1 + (k-1)d) = \frac{n}{2}(2a_1 + (n-1)d) = \frac{n}{2}(a_1 + a_n).$$

Beweis: mittels vollständiger Induktion

Induktionsanfang: Sei $n = 1$. Dann gilt

$$s_1 = a_1 = \tfrac{1}{2}(a_1 + a_1) = a_1 \checkmark.$$

Induktionsvoraussetzung: $s_n = \sum\limits_{k=1}^{n} a_k = \frac{n}{2}(a_1 + a_n)$

Induktionsschluss: $n \hookrightarrow n+1$, zu zeigen: $s_{n+1} = \frac{n+1}{2}(a_1 + a_{n+1})$.

$$\begin{aligned}
s_{n+1} &= \textstyle\sum_{k=1}^{n+1} a_k \\
&= a_{n+1} + \textstyle\sum_{k=1}^{n} a_k \\
&= a_1 + nd + \tfrac{n}{2}(a_1 + a_n) \\
&= a_1 + nd + \tfrac{n}{2}a_1 + \tfrac{n}{2}(a_1 + (n-1)d) \\
&= a_1 + nd + \tfrac{n}{2}a_1 + \tfrac{n}{2}a_1 + \tfrac{n}{2}(n-1)d \\
&= (n+1)a_1 + d\left(\tfrac{n(n-1)+2n}{2}\right) \\
&= (n+1)a_1 + d\left(\tfrac{n(n+1)}{2}\right) \\
&= \tfrac{n+1}{2}(2a_1 + nd) \\
&= \tfrac{n+1}{2}(a_1 + a_1 + nd) \\
&= \tfrac{n+1}{2}(a_1 + a_{n+1}).
\end{aligned}$$

Bemerkung 1.2.1
Die arithmetische Reihe $\sum_{n=1}^{\infty}(a_1 + (n-1)d)$ ist divergent.

Die arithmetische Reihe lässt sich auf eine Vielzahl ökonomischer Fragestellungen anwenden. Sie tritt immer dann auf, wenn eine regelmäßige lineare Entwicklung vorliegt.

Beispiel 1.2.1

1. Gegeben sei mit $(a_n) = \{1, 2, 3, \ldots\}$ die arithmetische Folge der natürlichen Zahlen. Dies ist eine arithmetische Folge mit $a_1 = 1$ und $d = 1$. Es ist mithin

$$s_n = \sum_{k=1}^{n} k = 1 + 2 + \cdots + n = \frac{n(n+1)}{2} \text{ und damit } \lim_{n\to\infty} s_n = \infty.$$

2. Für die größte Dosenpyramide der Welt stellen die Rekordjäger in der untersten Reihe 1.000 Dosen nebeneinander. In jeder weiteren Reihe steht eine Dose weniger. Wie viele Dosen werden verbaut?
Auch hier liegt eine arithmetische Folge bzw. Reihe vor. Das Anfangsglied ist $a_1 = 1.000$, die Differenz beträgt $d = -1$. Für die Anzahl der Reihen wird - sofern sie nicht direkt erkannt wird - untersucht, welche Reihe keine Dose mehr enthält:

$$a_n = 0, \text{ also } 1.000 + (n-1)(-1) = 0 \text{ und somit } n = 1.001.$$

Die 1.001. Reihe enthält also keine Dose mehr. Daraus folgt, dass die letzte Reihe mit genau einer Dose die 1.000. Reihe ist. Für die Anzahl der Dosen gilt dann: Es werden

$$s_{1.000} = \frac{1.000}{2}(1.000 + 1) = 500.500 \text{ Dosen verbaut.}$$

3. Für eine zu installierende Wärmepumpe soll ein Loch mit einer Tiefe von 55 Metern gebohrt werden. Auf Grund der schwierigen Bodenverhältnisse kann der Bohrer in der ersten Stunde noch 15 Meter, in jeder weiteren Stunde jedoch zwei Meter weniger bohren. Der Sachverhalt entspricht einer arithmetischen Folge mit Anfangsglied $a_1 = 15$ und Differenz $d = -2$. Die explizite Darstellung der Folge ergibt sich zu

$$a_n = 15 + (n-1) \cdot (-2).$$

Die Folgeglieder geben an, wie tief der Bohrer an den einzelnen Tagen bohrt. Um die Gesamttiefe zu bestimmen, wird die Partialsumme benötigt. Es ist

$$s_n = \frac{n}{2}(a_1 + a_n) = \frac{n}{2}(a_1 + a_1 + (n-1)d) = 55.$$

Diese Gleichung muss nun nach n aufgelöst werden:

$$\begin{aligned} \tfrac{n}{2}(2 \cdot 15 + (n-1)(-2)) &= 55 \\ \tfrac{n}{2}(32 - 2n) &= 55 \\ 16n - n^2 &= 55 \\ n^2 - 16n + 55 &= 0 \\ n_{1,2} = 8 \pm \sqrt{64-55} &= 8 \pm \sqrt{9} \\ n = 5 &\vee n = 11. \end{aligned}$$

Es sind

- $a_5 = 15 + (5-1)(-2) = 5$ und
- $a_{11} = 15 + (11-1)(-2) = -5$,

sodass offensichtlich $n = 5$ die einzige ökonomisch sinnvolle Lösung ist. Der Bohrer benötigt für die 55 Meter tiefe Bohrung also 5 Stunden.

Geometrische Reihe

Definition 1.2.3
Eine **geometrische Reihe** entsteht aus der Summe der Glieder einer geometrischen Folge,

$$\sum_{k=1}^{\infty} a_1 q^{k-1}, \ (= a_1 + a_1 q + a_1 q^2 + \cdots).$$

Die Summe der ersten n Glieder einer geometrischen Folge

$$s_n = \sum_{k=1}^{n} a_1 q^{k-1}$$

wird als **Partialsumme** bezeichnet.

Satz 1.2.2
Die Partialsumme einer geometrischen Folge (a_n) mit $a_n = a_1 \cdot q^{n-1}$ kann berechnet werden durch

$$s_n = \begin{cases} na_1 & \text{, falls } q = 1, \\ a_1 \frac{1-q^n}{1-q} & \text{falls } q \neq 1. \end{cases}$$

Beweis:
Zum Nachweis obiger Formel wird die Partialsumme sowie die mit q multiplizierte Partialsumme betrachtet

$$\begin{array}{rcccccccccc} s_n & = & a_1 & + & a_1q & + & a_1q^2 & + & \cdots & + & a_1q^{n-1} \\ s_nq & = & a_1q & + & a_1q^2 & + & a_1q^3 & + & \cdots & + & a_1q^n \end{array}$$

Subtrahiert man beide Gleichungen voneinander, so ergibt sich

$$s_n - s_nq \;=\; a_1 \;-\; a_1q^n$$

und somit

$$s_n(1-q) = a_1(1-q^n) \text{ und dies ergibt } s_n = a_1\frac{1-q^n}{1-q}.$$

Bemerkung 1.2.2
Eine unendliche geometrische Reihe konvergiert genau dann, wenn $|q| < 1$:

$$\lim_{n\to\infty} s_n = \lim_{n\to\infty} a\frac{1-q^n}{1-q} = \frac{a}{1-q},$$

da $\lim\limits_{n\to\infty} q^n = 0$ für $|q| < 1$. Ist $|q| \geq 1$, so divergiert die Reihe.

Die geometrische Reihe bietet zahlreiche Anwendungen im Bereich der Ökonomie, unter anderem auf dem Gebiet der Unternehmensbewertung und der Rentenrechnung. Letztere soll im Folgenden vorgestellt.

Rentenrechnung

Der Begriff der **Rentenrechnung** umfasst alle Anwendungen der Finanzmathematik, in denen es um regelmäßige Geldein- oder -auszahlungen geht wie zum Beispiel die Annuitäten- bzw. Darlehensrechnung oder den Geldauf- bzw. abbau, jeweils bei vorschüssiger oder nachschüssiger Zahlung. Dazu werden zunächst einige Bezeichnungen eingeführt.
Es sei K_0 das jeweilige Anfangskapital, K_n das Kapital nach n Zeiteinheiten, wobei n die Gesamtlaufzeit angebe; p sei der Zinsfuß für Schulden bzw. Guthaben und R eine gleichbleibende Rate bzw. Rente. Gleichbleibend meint dabei, dass derselbe Wert R in gleichen Zeitabständen gezahlt wird. Es wird unterschieden in

- **vorschüssige Zahlung**: Die Zahlung erfolgt hierbei stets zu Beginn der jeweiligen Zinsperiode.
- **nachschüssige Zahlung**: Die Zahlung erfolgt regelmäßig am Ende der jeweiligen Zinsperiode.

Das Anfangskapital bleibe zunächst unberücksichtigt, sodass nur die Ratenzahlung betrachtet wird. Dies entspricht dem Prinzip eines Rentensparvertrages, welcher dazu dient, Kapital für eine spätere Rente aufzubauen bzw. dem Prinzip der Rente, bei der aus vorhandenem Kapital ein gleichbleibender Betrag ausgezahlt wird. Die Ratenzahlung R in der $k-$ten Zinsperiode $(1 \leq k \leq n)$ wird

- bei **vorschüssiger Zahlung** $n - k + 1$ Jahre und
- bei **nachschüssiger Zahlung** $n - k$ Jahre verzinst.

Unter Berücksichtigung dieser Werte ergibt sich für die Ratenzahlung aus dem $k-$ten Jahr nach n Jahren also ein Wert in Höhe von

- $R \cdot q^{n-k+1} = R \cdot q \cdot q^{n-k}$ bei **vorschüssiger Zahlung** und
- $R \cdot q^{n-k}$ bei **nachschüssiger Zahlung**.

Dabei entspricht $q = 1 + \frac{p}{100}$ dem aus der Zinsrechnung bekannten **Aufzinsungsfaktor**. Da die Ratenzahlung regelmäßig, also in jeder Zinsperiode anfällt, wird diese Berechnung für jedes Jahr der Laufzeit durchgeführt, wobei sich die Potenz des Aufzinsungsfaktors jeweils gemäß der jeweiligen Restlaufzeit ändert.

Das gesamte Kapital nach n Jahren ist dann gegeben durch

- $K_n = R \cdot q \cdot \sum_{k=1}^{n} q^{n-k}$ bei **vorschüssiger Zahlung** und
- $K_n = R \cdot \sum_{k=1}^{n} q^{n-k}$ bei **nachschüssiger Zahlung**.

Die Summe $\sum_{k=1}^{n} q^{n-k}$ lässt sich schreiben als

$$\sum_{k=1}^{n} q^{n-k} = q^{n-1} + q^{n-2} + q^{n-3} + \cdots + q^0$$

und daher, wenn die Summe in umgekehrter Reihenfolge geschrieben wird, auch als

$$\sum_{k=1}^{n} q^{n-k} = q^0 + q + q^2 + \cdots + q^{n-1} = \sum_{k=1}^{n} q^{k-1}.$$

Für diese Summe ist die Partialsummenregel der geometrischen Reihe anwendbar:

$$\sum_{k=1}^{n} q^{k-1} = \frac{1-q^n}{1-q}.$$

Wird diese Formel in obige Gleichungen eingesetzt, ergibt sich der **Rentenendwert** gemäß der nachfolgenden Rechenregel.

Satz 1.2.3
Betrachtet werde eine Rente mit gleichbleibender Rate R und Aufzinsungsfaktor q. Der **Rentenendwert** ergibt sich

- bei **vorschüssiger Zahlung** zu

$$K_n = R \cdot q \cdot \frac{1-q^n}{1-q}$$

und

- bei **nachschüssiger Zahlung** zu

$$K_n = R \cdot \frac{1-q^n}{1-q}.$$

Beispiel 1.2.2

1. Arik zahlt jeweils am Ende des Jahres 1.500 EUR auf ein Konto ein. Er erhält auf das Guthaben 4% Zinseszinsen. Nach acht Jahren hat er
$$K_8 = 1.500 \cdot \frac{1-1,04^8}{1-1,04} = 13.821,34 \text{ EUR erspart.}$$

2. Nicholas zahlt stets zu Beginn des Jahres sein Weihnachtsgeld in Höhe von 100 EUR auf sein Sparbuch ein. er erhält 1,5% Zinseszinsen. Nach 10 Jahren hat er
$$K_{10} = 100 \cdot 1,015 \cdot \frac{1-1,015^{10}}{1-1,015} = 1.086,33 \text{ EUR erspart.}$$

Handelt es sich um einen Fall der Rentenrechnung, bei dem aus vorhandenem Guthaben eine Rente ausgezahlt werden soll, so wird nicht der Rentenendwert, sondern der **Rentenbarwert** benötigt. Dieser Wert entspricht dem Geldbetrag, welcher zu Beginn der Auszahlungsphase der Rente zur Verfügung stehen muss, damit die Rate R wie vorgegeben über die Laufzeit gezahlt werden kann. Der Rentenbarwert lässt sich durch Abzinsen des Rentenendwertes auf den Rentenbeginn bestimmen.

Satz 1.2.4
Betrachtet werde eine Rente mit gleichbleibender Rate R und Aufzinsungsfaktor q. Der **Rentenbarwert** ergibt sich

- bei **vorschüssiger Zahlung** zu
$$K_0 = \frac{1}{q^n} \cdot R \cdot q \cdot \frac{1-q^n}{1-q} = \frac{R}{q^{n-1}} \cdot \frac{1-q^n}{1-q}$$
und
- bei **nachschüssiger Zahlung** zu
$$K_0 = \frac{R}{q^n} \cdot \frac{1-q^n}{1-q}.$$

Beispiel 1.2.3

1. Johann ist 55 Jahre alt und möchte in den Ruhestand gehen. Damit er bis zum Regeleintritt, welcher für ihn bei 65 Jahren liegt, gut leben kann, möchte er für die nächsten 10 Jahre jeweils zu Beginn des Jahres eine jährliche Rente von 24.000 EUR haben. Die Verzinsung liege bei 3%. Um sich diesen Wunsch zu erfüllen, muss er

$$K_0 = \frac{24.000}{1{,}03^9} \cdot \frac{1 - 1{,}03^{10}}{1 - 1{,}03} = 210.866{,}61 \text{ EUR angespart haben.}$$

2. Johanna hat einen Rentenvertrag abgeschlossen. Sie hat Anspruch auf eine nachschüssige jährliche Rente in Höhe von 12.000 EUR bei einer Rentendauer von 15 Jahren. Die Verzinsung betrage 3,5%. Auf Grund eines guten Angebotes möchte sie die Rente ablösen und sich eine Wohnung kaufen. Sie erhält

$$K_0 = \frac{12.000}{1{,}035^{10}} \cdot \frac{1 - 1{,}035^{10}}{1 - 1{,}035} = 99.799{,}26 \text{ EUR.}$$

Häufig ist bekannt, welcher Betrag am Ende der Ansparphase zur Verfügung stehen soll, beispielsweise bei Sparvorhaben zum Erwerb eines Gutes. Durch einfaches Umstellen obiger Formeln lässt sich dann der Wert der regelmäßigen Rate R bestimmen, welche benötigt wird, um das vorgegebene Kapital anzusparen.

Satz 1.2.5

Betrachtet werde eine Rente mit gleichbleibender Rate R und Aufzinsungsfaktor q. Um einen vorgegebenen Rentenendwert K_n zu erhalten, muss die regelmäßige Rate R

- bei **vorschüssiger Zahlung**

$$R = \frac{K_n}{q} \cdot \frac{1 - q}{1 - q^n}$$

und

- bei **nachschüssiger Zahlung**

$$R = K_n \cdot \frac{1 - q}{1 - q^n}$$

betragen.

Beispiel 1.2.4

1. Tom zahlt jeweils zu Beginn eines Jahres einen Betrag R auf ein Konto ein. Er erhält dafür 4,8% Zinseszinsen. Am Ende des zehnten Jahres beträgt das Guthaben 31.342, 15 EUR. Tom hat jährlich
$$R = \frac{31.342,15}{1,048} \frac{1-1,048}{1-1,048^{10}} = 2.400 \text{ EUR eingezahlt.}$$
2. Helena möchte sich in fünf Jahren einen Roller kaufen. Dafür legt sie jeweils am Jahresende einen Geldbetrag R auf einem Konto an. Der Roller soll 1.200 EUR kosten. Eine Bank bietet ihr 3, 75% Zinseszinsen für ihr Geld. Dann muss Helena jährlich
$$R = 1.200 \cdot \frac{1-1,0375}{1-1,0375^5} = 222,66 \text{ EUR ansparen.}$$

Nun soll ein möglicherweise zu Beginn vorhandenes Anfangskapital K_0 zusätzlich berücksichtigt werden. Dieses wird zum Zinssatz p angelegt, sodass nach n Jahren ein Betrag in Höhe von
$$K_n = K_0 \cdot q^n$$
vorhanden ist, wobei $q = 1 + \frac{p}{100}$ wieder dem Aufzinsungsfaktor aus der Zinsrechnung entspricht. Der nachfolgende Satz gibt die **Sparkassenformel** für diesen Fall an.

Satz 1.2.6

Sei ein Anfangskapital K_0 gegeben. Betrachtet werde eine Rente mit gleichbleibender Rate R und Aufzinsungsfaktor q. Das nach n Jahren insgesamt ersparte Kapital ergibt sich

- bei **vorschüssiger Zahlung** zu
$$K_n = K_0 \cdot q^n \pm R \cdot q \cdot \frac{1-q^n}{1-q}$$
und
- bei **nachschüssiger Zahlung** zu
$$K_n = K_0 \cdot q^n \pm R \cdot \frac{1-q^n}{1-q}.$$

Dabei wird die Addition bei Guthaben- bzw. Darlehensaufbau; die Subtraktion bei Guthabenabbau bzw. Annuitätentilgung verwendet.

Beispiel 1.2.5

1. Ein Unternehmen sichert seinen Mitarbeitern bei Eintritt in den Ruhestand (vorliegend mit 65 Jahren) eine nachschüssige Jahresrente in Höhe von 15.000 EUR für die Dauer von 18 Jahren zu. Welchen Betrag muss das Unternehmen jährlich vorschüssig einzahlen, wenn ein Mitarbeiter 35 Jahre alt ist und die Verzinsung $4,5\%$ beträgt?
   Zu bestimmen ist zunächst der Rentenbarwert. Dieser beträgt

   $$K_{18} = \frac{15.000}{1,045^{18}} \cdot \frac{1-1,045^{18}}{1-1,045} = 182.399,88 \text{ EUR}.$$

   Diese Summe entspricht für den zweiten Teil dem Rentenendwert und muss über 30 Jahre durch eine gleichmäßige vorschüssige Rate R angespart werden. Diese beträgt

   $$R = \frac{182.399,88}{1,045} \frac{1-1,045}{1-1,045^{18}} = 6.499,53 \text{ EUR}.$$

   Das Unternehmen muss also jährlich $6.499,53$ EUR einzahlen, um die Rente für den Mitarbeiter abzusichern.

2. Nolan gewinnt 20.000 EUR im Lotto. Angespornt durch dieses Guthaben beschließt er, ab sofort jährlich nachschüssig 1.000 EUR anzulegen. Er erhält von seiner Bank $2,5\%$ Zinseszinsen. Nach 15 Jahren hat er

   $$K_{15} = 20.000 \cdot 1,025^{15} + 1.000 \cdot \frac{1-1,025^{15}}{1-1,025} = 46.897,89 \text{ EUR angespart.}$$

3. Fritz nimmt für sein Haus ein Darlehen in Höhe von 300.000 EUR auf. Die Zinsen betragen $1,75\%$. Er kann vorschüssig eine jährliche Rate in Höhe von 18.000 EUR leisten. Die Restschuld nach acht Jahren beträgt

   $$K_{15} = 300.000 \cdot 1,0175^{8} - 18.000 \cdot 1,0175 \cdot \frac{1-1,0175^{8}}{1-1,0175} = 188.849,11 \text{ EUR}.$$

Aufgaben

Aufgabe 1.2.1

Eine Reisegruppe bereist Europa mit einem Bus. Insgesamt legt die Gruppe 7.500 Km zurück. Am ersten Tag fahren sie 525 Km, an jeden weiteren Tag fahren sie 50 Km mehr.

a) Welche Strecke wird am achten Tag zurückgelegt?

b) Wie lange dauert die Reise?

Aufgabe 1.2.2

a) Eine Raumfähre legt nach dem Start in der ersten Sekunde 6 m, in der zweiten 12 m, in der dritten 18 m usw. zurück. Die Beschleunigung hört nach 25 Sekunden auf. Welche Strecke hat die Raumfähre in dieser Zeit zurückgelegt?

b) Von einer arithmetischen Folge (a_n) ist $a_1 = 6$ sowie $s_n = 240$ für $n = 10$ bekannt. Geben Sie die Folgenvorschrift an.

Aufgabe 1.2.3

Karsten, der bereits über ein Sparguthaben von 20.000 EUR verfügt, welches mit 5% verzinst wird, zahlt jeweils am Jahresanfang 4.000 EUR zusätzlich auf sein Konto ein. Nach wie vielen Jahren ist sein Sparguthaben auf 50.000 EUR angewachsen?

Aufgabe 1.2.4

Andrea zahlt jährlich nachschüssig im Zeitraum 1998 bis 2003 3.500 EUR, 2004 bis 2009 5.000 EUR und 2010 bis 2015 7.000 EUR auf ein Konto ein. Bis 2025 ruht das angesparte Kapital auf diesem Konto. Im gesamten Zeitraum garantiert die Bank eine 4-prozentige zinseszinsliche Verzinsung.

a) Welchen Betrag kann sich Andrea ab 2026 jährlich zu Beginn eines Jahres über einen Zeitraum von 25 Jahren auszahlen lassen?

b) Welche konstante jährliche Zahlung hätte sie statt der genannten Staffelung über den Einzahlungszeitraum vorschüssig zahlen müssen, um die gleichen Rentenzahlungen wie in a) zu erreichen? Der Zinssatz soll auch in diesem Fall bei 4% liegen.

Aufgabe 1.2.5 

Rudi gewinnt 10.000 EUR im Lotto und legt diese am 1.1.2011 bei 5% p.a. Zinseszins auf einem Konto an. Davon inspiriert, beschließt er, noch mehr Geld zu sparen und zahlt jeweils am Ende des Jahres ab 2011 6.000 EUR zusätzlich auf das Konto ein. Wie viel Geld hat Rudi am 31.12.2015 auf dem Konto? Wie viele Jahre müsste er die 10.000 EUR auf dem Konto mindestens verzinsen, um ohne zusätzliche Einzahlungen auf denselben Betrag zu kommen?

Aufgabe 1.2.6

Günther zahlt am 01.01.2012 10.000 EUR bei 5% p.a. Zinseszins auf ein Konto ein. Jeweils zu Jahresbeginn - beginnend am 01.01.2012 - zahlt er weitere 500 EUR auf das Konto ein. Wie hoch ist das Guthaben nach 10 Jahren? Wie hoch müsste die Rate zu Jahresbeginn sein, um bei 12.000 EUR Startkapital auf denselben Endbetrag zu kommen?

Aufgabe 1.2.7 

Eine jährliche Rente in Höhe von 9.000 EUR ist bei einem Zinssatz von $3,5\%$ p.a. 15 Jahre lang nachschüssig zu zahlen. Welche 20 Jahre lang vorschüssig zu zahlende Rente hat denselben Endwert?

Aufgabe 1.2.8 

Ein Rentner erhalte im Jahr 2015 eine Rente in Höhe von 30.000 EUR jährlich. Die jährliche Steigerungsrate der Renten betrage 1%.

a) Wie hoch ist die Rente im Jahr 2030?

b) Ist es möglich, dass der Rentner eine Rente in Höhe von 50.000 EUR jährlich erhält?

2 Funktionen mit einer unabhängigen Variablen

2.1 Einleitung

Ziel ökonomischer Untersuchungen ist es, Zusammenhänge und Abhängigkeiten zwischen ökonomischen Größen messbar zu machen. Dabei können die betrachteten Größen mehrere Werte annehmen, sie heißen daher **Variable**. Dabei ist mindestens eine Größe nicht eindeutig bestimmt, sondern frei (unabhängig) wählbar und wird als **unabhängige Variable** bezeichnet. Variablen werden üblicherweise mit Buchstaben bezeichnet (x, y, $z, \ldots$).
In der Ökonomie ist es mitunter hilfreich, die Variablen gemäß ihrer Bedeutung zu bezeichnen, so steht häufig p für den Preis oder r für die Menge an Rohstoffeinheiten.
Eine Funktion ist eine Abbildung, welche jedem x aus dem **Definitionsbereich** eindeutig einen Funktionswert y aus dem **Wertebereich** zuordnet. Ökonomische Größen nehmen stets Werte aus den rellen Zahlen $\mathbb{R}$ an. Daher werden im Folgenden reelle Funktionen betrachtet, deren Definitions- und Wertebereich in den reellen Zahlen liegen.
Mithilfe von reellen Funktionen lassen sich Größen (Fläche, Entfernung), Vorgänge (Höhe eines Weitspringers zum Zeitpunkt x nach dem Absprung) und Abhängigkeiten (Verbrauch eines Rohstoffes je produzierte Einheit) beschreiben. Dabei ist es bei ökonomischen Funktionen wichtig, den Variablen entsprechende **Dimensionen** eindeutig zuzuordnen. So ist beispielsweise zu unterscheiden, ob die Variable G den Gewinn in Bezug auf eine Zeiteinheit oder in Bezug auf die produzierte Stückzahl angibt. Auch ist hier die Stückzahl je Einheit des Gewinns eindeutig zu definieren sowie die zu Grunde gelegte Einheit des Gewinns (1 EUR, 100 EUR,...) anzugeben.

Definition 2.1.1
Eine **reelle Funktion**

$$f : D_f \longrightarrow W_f,\ x \mapsto f(x),$$

ist eine Abbildungsvorschrift, die jedem $x \in D_f \subseteq \mathbb{R}$ eindeutig ein $f(x) \in W_f$ zuordnet. Die Menge D_f wird als **Definitionsbereich**, die Menge W_f als **Wertebereich** bezeichnet. Die Variable x heißt **Argument der Funktion** bzw. **unabhängige Variable**, $y = f(x)$ heißt **abhängige Variable** oder **Funktionswert**.

2.1.1 Darstellung von Funktionen

Durch Funktionen beschriebene Zusammenhänge lassen sich auf unterschiedliche Arten darstellen. Diese sollen im Folgenden kurz vorgestellt werden.

1. **Wertetabelle**
   Die einfachste Art der Darstellung ist die **Wertetabelle**. In ihr wird einzelnen Argumenten x der zugehörige Funktionswert y zugeordnet.

Beispiel 2.1.1
Die nachfolgende Wertetabelle gibt zu verschieden hohen Einkommen den Einkommensteuersatz an, welcher an die Finanzbehörden zu entrichten ist.

Einkommen in 1.000 EUR x	10	15	18	24	30	38	45	80
Steuersatz in % $y = f(x)$	0	9	12	16	19	22	24	32

Wertetabellen werden vor allem dann verwendet, wenn ein funktionaler Zusammenhang zwischen zwei Größen nicht nachweisbar oder nicht vorhanden ist, sondern nur einzelne Datenpaare einander zugeordnet werden können.
Im Bereich der statistischen Methoden bilden Wertetabellen die Grundlage für die Entwicklung einer Funktionsvorschrift, sie entstehen dabei durch empirische Untersuchungen.

2. **grafische Darstellung**
   Eine weitere Möglichkeit, Funktionen darzustellen ist die **grafische Darstellung**. Hierbei werden alle Wertepaare (x, y) einer Funktion üblicherweise im **kartesischen Koordinatensystem** abgebildet, wobei die Werte der unabhängigen Variablen x auf der horizontalen Achse (**Abszisse**) und die Werte der abhängigen Variablen $y = f(x)$ auf der vertikalen Achse (**Ordinate**) abgebildet werden.

Beispiel 2.1.2

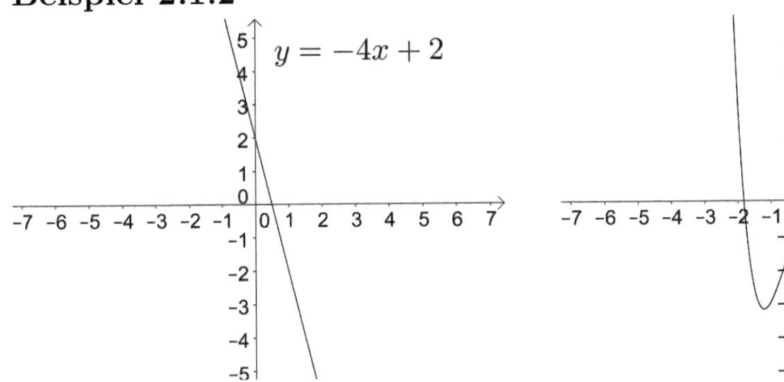

3. **analytische Darstellung**
   Mithilfe der **analytischen Darstellung** lassen sich Funktionen auf bestimmte Eigenschaften untersuchen. Auch der Vergleich und die tiefergehende Analyse von verschiedenen Funktionen ist mit dieser Art der Darstellung möglich. Hierbei wird die Funktion durch einen analytischen Ausdruck dargestellt.

Beispiel 2.1.3

Die folgenden Gleichungen sind Beispiele für die analytische Darstellung von Funktionen.

1. $y = f(x) = x^3 - 2x^2 + 4$
2. $\sqrt{x^2 + 5}$
3. e^{3x-2}

Mithilfe der analytischen Darstellung lassen sich auch notwendige Beschränkungen des Definitionsbereiches und **stückweise definierte Funktionen** beschreiben. Diese Art der Darstellung tritt häufig bei Kostenfunktionen auf.

Beispiel 2.1.4

1. Die Funktion $y = f(x) = \{x^2 + 3 | 1 \leq x \leq 10\}$ ist ein Beispiel für die Beschränkung des Definitionsbereiches, eine solche Beschränkung liegt bei den meisten ökonomischen Funktionen vor.
2. Die Funktion

$$f(x) = \begin{cases} 5x - 1 & \text{für } 0 \leq x \leq 3 \\ 2x^2 - 3x + 4 & \text{für } 3 < x \leq 10 \\ x^3 + 2x - 6 & \text{für } x > 10 \end{cases}$$

ist ein Beispiel für eine stückweise definierte Funktion.

2.1.2 Elementare Eigenschaften von Funktionen

In diesem Abschnitt werden elementare Eigenschaften von Funktionen vorgestellt.

Definition 2.1.2
Gegeben sei eine Funktion $f : D_f \longrightarrow W_f$.

- Darf ein Wert x nicht eingesetzt werden, weil ein mathematisch nicht definierter Ausdruck entstehen würde, so spricht man von einer **Definitionslücke**.
- Der Wert a heißt **Nullstelle** der Funktion $f(x)$, falls gilt $f(a) = 0$.

Beispiel 2.1.5

1. Für die Funktion $f(x) = \frac{2x+5}{x-1}$ ist $x = 1$ eine Definitionslücke und $x = -2,5$ eine Nullstelle.

2. Für die Funktion $f(x) = x^2 - 6x + 5$ ergeben sich mithilfe der pq-Formel $x_{1,2} = -\frac{p}{2} \pm \sqrt{\frac{p^2}{4} - q}$ die Nullstellen

$$x_{1,2} = 3 \pm \sqrt{9-5} = 3 \pm 2,$$

also $x_1 = 5$ und $x_2 = 1$.

Für das Rechnen mit Funktionen gelten die folgenden Regeln.

Satz 2.1.1
Seien f und g Funktionen mit gleichem Definitionsbereich D. Dann sind auch

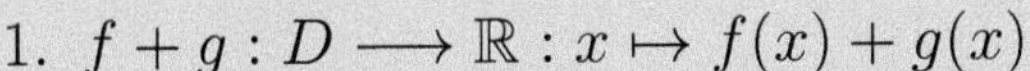

1. $f + g : D \longrightarrow \mathbb{R} : x \mapsto f(x) + g(x)$
2. $f - g : D \longrightarrow \mathbb{R} : x \mapsto f(x) - g(x)$
3. $f \cdot g \quad : D \longrightarrow \mathbb{R} : x \mapsto f(x) \cdot g(x)$
4. $\frac{f}{g} \qquad : D \longrightarrow \mathbb{R} : x \mapsto \frac{f(x)}{g(x)}, g(x) \neq 0$ für alle $x \in D$.

Funktionen.

Beispiel 2.1.6

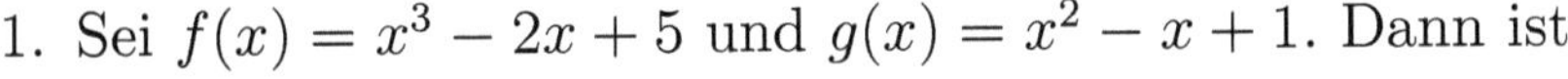

1. Sei $f(x) = x^3 - 2x + 5$ und $g(x) = x^2 - x + 1$. Dann ist

$$f(x) - g(x) = x^3 - x^2 - x + 4$$

und

$$f(x) + g(x) = x^3 + x^2 - 3x + 6.$$

2. Sei $f(x) = 2x^3 + x^2 - x$ und $g(x) = x$. Dann ist

$$\frac{f(x)}{g(x)} = 2x^2 + x - 1 \text{ für } x \neq 0$$

und

$$f(x) \cdot g(x) = 2x^4 + x^3 - x^2.$$

Die Multiplikation und die Division von Funktionen spielen in der Differentialrechnung eine wichtige Rolle.

Symmetrie

Die Untersuchung einer Funktion auf Symmetrie soll feststellen, ob eine Funktion bezüglich einer Achse oder eines Punktes spiegelbar ist. Diese Eigenschaft wird vor allem dann untersucht, wenn wenig charakteristische Punkte der Funktion vorliegen.

Definition 2.1.3
Eine Funktion $f : D_f \longrightarrow W_f$ heißt **achsensymmetrisch**, wenn ihr zugehöriger Graph symmetrisch zur $y-$Achse verläuft. Für alle $x \in D_f$ gilt:

$$f(x) = f(-x).$$

Sie heißt **achsensymmetrisch um** a, falls für alle $x \in D_f$ gilt:

$$f(a + x) = f(a - x).$$

Eine Funktion $f : D_f \longrightarrow W_f$ heißt **punktsymmetrisch**, wenn ihr zugehöriger Graph bzgl. des Koordinatenursprungs spiegelbar ist. Für alle $x \in D_f$ gilt:

$$f(x) = -f(-x).$$

Grafisch ist die Punktsymmetrie ebenfalls ablesbar. Eine Funktion ist punktsymmetrisch, wenn eine Drehung um 180° wieder die ursprüngliche Funktion ergibt.

Beispiel 2.1.7

1. Die Funktion $y = x^4$ ist achsensymmetrisch:

$$f(-x) = (-x)^4 = x^4 = f(x).$$

2. Die Funktion $y = 3 \cdot x^3$ ist punktsymmetrisch:

$$f(-x) = 3 \cdot (-x)^3 = -3 \cdot x^3 = -f(x).$$

3. Die Funktion $y = (x - 2)^2$ ist achsensymmetrisch um $x = 2$:

$$f(2 + x) = ((2 + x) - 2)^2 = x^2 = ((2 - x) - 2)^2 = f(2 - x).$$

Beschränktheit

Können die Funktionswerte bestimmte Werte nicht unter- oder überschreiten, so heißt die Funktion beschränkt.

Definition 2.1.4
Eine Funktion $f : D_f \longrightarrow W_f$ heißt

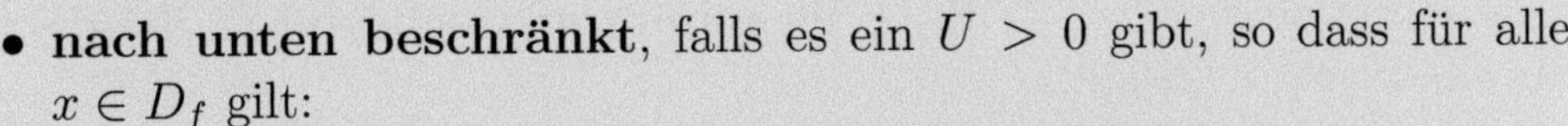

- **nach unten beschränkt**, falls es ein $U > 0$ gibt, so dass für alle $x \in D_f$ gilt:

  $f(x) \geq U$. Der Wert U heißt dann **untere Schranke**.

- **nach oben beschränkt**, falls es ein $O > 0$ gibt, so dass für alle $x \in D_f$ gilt:

  $f(x) \leq O$. Der Wert O heißt dann **obere Schranke**.

- **beschränkt**, falls es ein $M > 0$ gibt, so dass für alle $x \in D_f$ gilt:

  $$|f(x)| \leq M.$$

Beispiel 2.1.8

1. Die Funktion $f(x) = \cos(x); D_f = \mathbb{R}$ ist beschränkt durch $M = 1$.
2. Die Funktion $f(x) = -x^2 + 1$ ist nach oben beschränkt durch $O = 1$.
3. Die Funktion $f(x) = x^3 - x$ ist unbeschränkt.

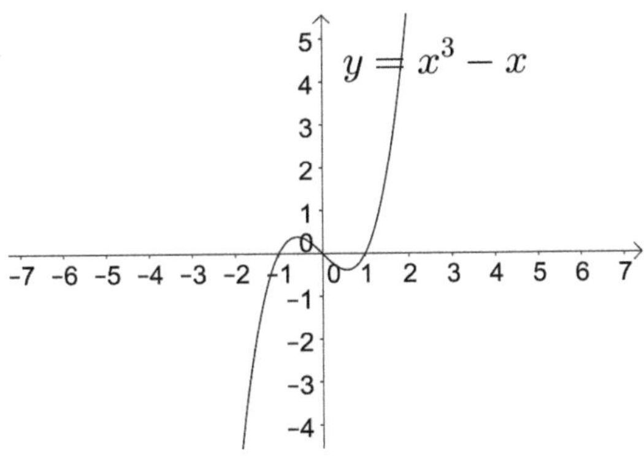

Monotonie

Liegt bei einer Funktion eine gleichmäßige Entwicklung in dem Sinne vor, dass die Funktionswerte stets größer oder stets kleiner werden, so heißt die Funktion monoton.

Definition 2.1.5
Eine Funktion $f : D_f \longrightarrow W_f$ heißt **monoton wachsend (fallend)**, falls für alle $x_1, x_2 \in D_f$ gilt:

$$x_1 \leq x_2 \Rightarrow f(x_1) \leq f(x_2) \text{ (monoton wachsend);}$$

$$x_1 \leq x_2 \Rightarrow f(x_1) \geq f(x_2) \text{ (monoton fallend).}$$

Sie heißt **streng monoton wachsend (fallend)**, falls die Ungleichungen mit $<$ ($>$) erfüllt sind.

Beispiel 2.1.9

1. Die Funktion $f(x) = x$ mit dem Definitionsbereich $D_f = \mathbb{R}$ ist streng monoton wachsend.

2. Die Funktion $f(x) = x^3 + x^2 - x$ ist

   - monoton wachsend für $x \leq -1$ und $x \geq \frac{1}{3}$.
   - monoton fallend für $-1 < x < \frac{1}{3}$.

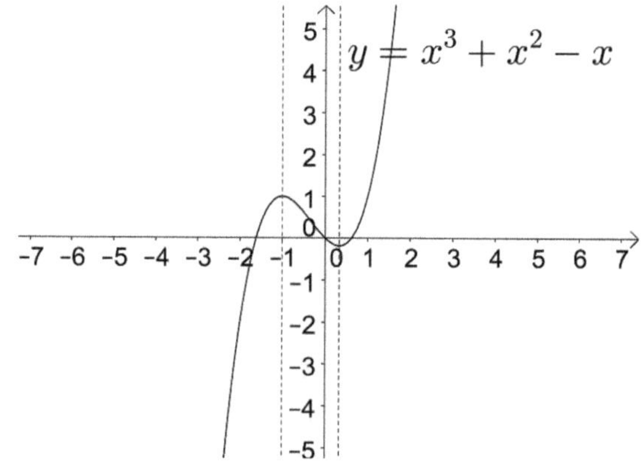

Krümmung

Die Krümmung einer Funktion spielt eine wesentliche Rolle bei der Bestimmung von Extremwerten.

Definition 2.1.6
Eine Funktion $f : D_f \longrightarrow W_f$ heißt **konvex (konkav)**, falls für $x, y \in D_f$ und $0 \leq \lambda \leq 1$ gilt:

$$f(\lambda x + (1-\lambda)y) \leq \lambda f(x) + (1-\lambda)f(y), \text{ (konvex);}$$

$$f(\lambda x + (1-\lambda)y) \geq \lambda f(x) + (1-\lambda)f(y), \text{ (konkav).}$$

Die Funktion heißt **streng konvex (streng konkav)**, wenn obige Ungleichungen mit $<$ bzw. $>$ erfüllt sind.

Dabei stellt für $\lambda \in [0,1]$ der Term $\lambda x+(1-\lambda)y$ die Verbindungslinie zwischen x und y auf der x-Achse und $\lambda f(x) + (1-\lambda)f(y)$ die Verbindungslinie der beiden Funktionswerte $f(x)$ und $f(y)$ dar.
Anschaulich bedeutet dies für die Untersuchung einer Funktion auf ihr Krümmungsverhalten, dass die Verbindungslinie zweier Punkte auf dem Graphen der Funktion stets unterhalb (konkav) bzw. oberhalb (konvex) der Funktion verläuft.

Beispiel 2.1.10

1. Die Funktion $y = x^2$ mit dem Definitionsbereich $D_f = \mathbb{R}$ ist streng konvex.

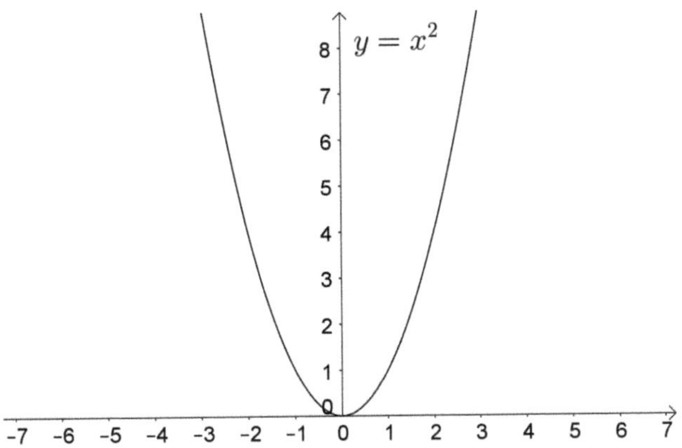

2. Die Funktion $y = x^3 + x^2 - x$ mit dem Definitionsbereich $D_f = \mathbb{R}$ ist
   - streng konvex für $x \geq -\frac{1}{3}$
   - streng konkav für $x < \frac{1}{3}$

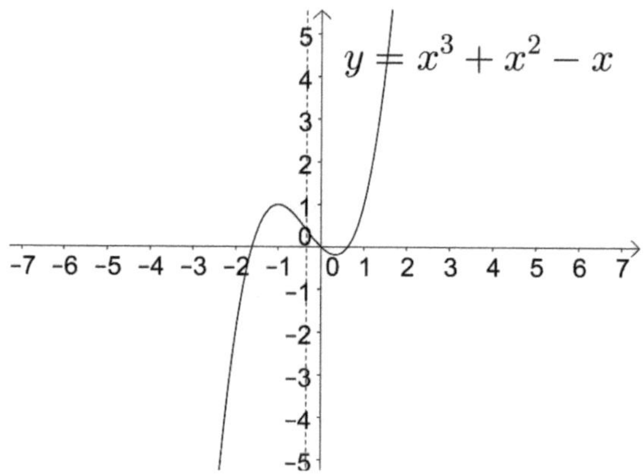

Im zweiten Beispiel ändert sich die Krümmung also an der Stelle $x^* = \frac{1}{3}$. Eine solche Stelle wird auch als **Wendestelle** bezeichnet.

Definition 2.1.7
Für eine Funktion $f : D_f \longrightarrow W_f$ heißt eine Stelle $x^* \in D_f$ **Wendestelle**, wenn die Funktion für $x < x^*$ eine andere Krümmung besitzt als für $x > x^*$.

Extremwerte

In ökonomischen Anwendungen geht es häufig darum, Funktionen auf extreme Szenarien zu untersuchen. Beispiele sind die Gewinnmaximierung oder auch die Minimierung von Kosten. Gesucht sind also Extremwerte der Funktionen. Zur Definition von Extremwerten werden Umgebungen kritischer Punkte betrachtet, es heißt

$$U_\varepsilon(x^*) = \{x \in \mathbb{R} | -\varepsilon < x - x^* < \varepsilon\}$$

ε-Umgebung von x^* und umfasst alle Werte für x, welche höchstens um ε von x^* abweichen.

Definition 2.1.8
Gegeben sei eine Funktion $f : D_f \longrightarrow W_f$. Sie besitzt in $x = x^*$ ein

- **Maximum**, wenn in $U_\varepsilon(x^*)$ alle Funktionswerte kleiner sind als $f(x^*)$:
$$f(x) < f(x^*) \text{ für alle } x \in U_\varepsilon(x^*).$$
- **Minimum**, wenn in $U_\varepsilon(x^*)$ alle Funktionswerte größer sind als $f(x^*)$:
$$f(x) > f(x^*) \text{ für alle } x \in U_\varepsilon(x^*).$$

Der Extremwert heißt

- **relatives (lokales) Extremum**, wenn die Bedingungen nur für $x \in U_\varepsilon(x^*)$ gelten.
- **absolutes (globales) Extremum**, wenn die Bedingungen für alle $x \in D_f$ gelten.

Ist der Definitionsbereich D_f beschränkt, so kann der Extremwert auch am Rand angenommen werden, er heißt dann **Randmaximum** bzw. **Randminimum**.

Beispiel 2.1.11
Die Funktion $f(x) = 0,2x^4 - x^2$ besitzt in x_1 und x_3 lokale Minima. An der Stelle x_2 liegt ein lokales Maximum vor. Für die Einschränkung des Definitionsbereiches auf $D_f = [-2; 2,5]$ liegt ein Randmaximum x_4 vor.

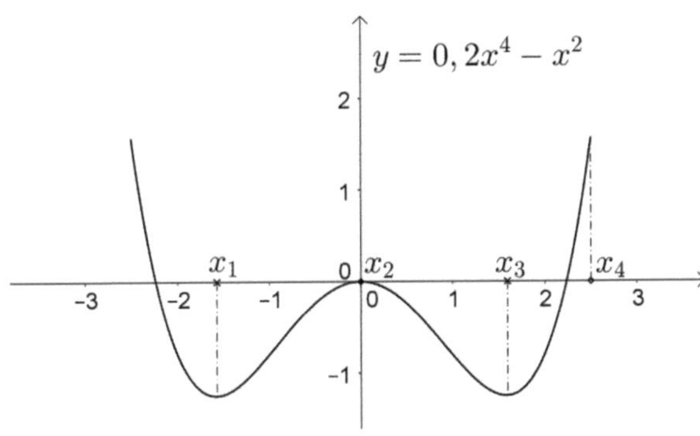

Wachstumsverhalten

Das Wachstumsverhalten einer Funktion drückt aus, in welchem Maße sich die Funktionswerte im Verhältnis zur Änderung der unabhängigen Variablen verändern.

Definition 2.1.9
Gegeben sei eine Funktion $f : D_f \longrightarrow W_f$. Die Funktion heißt

- **progressiv** (überproportional) **wachsend**, wenn $f(x)$ monoton wachsend und konvex ist.
- **progressiv** (überproportional) **fallend**, wenn $f(x)$ monoton fallend und konkav ist.
- **degressiv** (unterproportional) **wachsend**, wenn $f(x)$ monoton wachsend und konkav ist.
- **degressiv** (unterproportional) **fallend**, wenn $f(x)$ monoton fallend und konvex ist.
- **proportional wachsend bzw. fallend**, wenn $f(x)$ eine lineare Funktion ist.

Beispiel 2.1.12

- Die Grafiken zeigen Beispiele für progressives Wachstum bzw. progressive Abnahme.

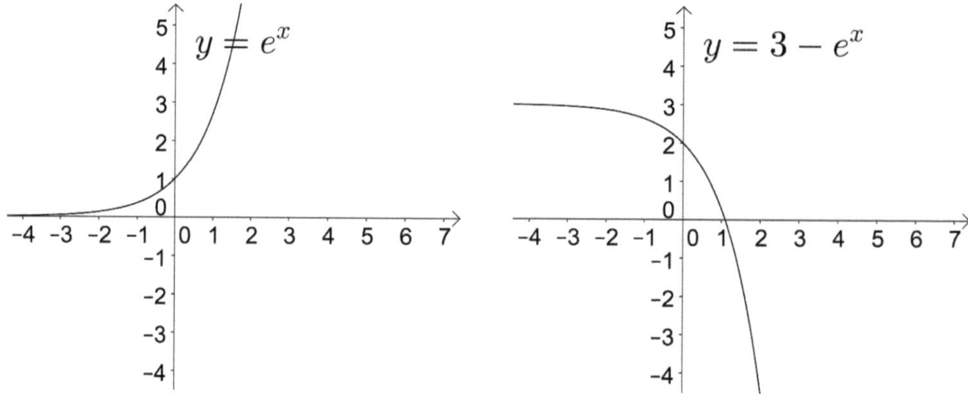

- Die Grafiken zeigen Beispiele für degressives Wachstum bzw. degressive Abnahme.

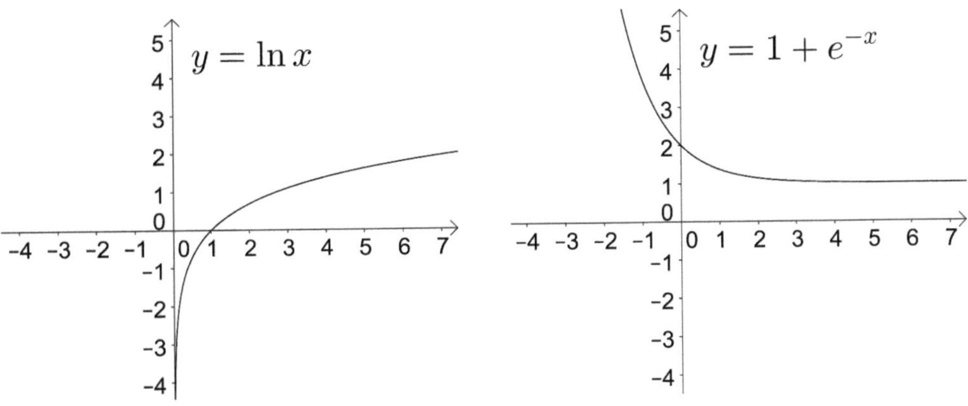

Komposition von Funktionen

Oft ist es sinnvoll, eine Funktion als Komposition zweier einfacherer Funktionen darzustellen. Voraussetzung hierfür ist, dass der Wertebereich der inneren Funktion im Definitionsbereich der äußeren Funktion enthalten ist.

Definition 2.1.10
Seien $f : D_f \longrightarrow W_f$ und $g : D_g \longrightarrow W_g$ Funktionen mit

$$W_g \subseteq D_f.$$

Dann heißt

$$f \circ g : D_g \longrightarrow W_f, x \mapsto f(g(x))$$

Komposition der Funktionen f und g.

Beispiel 2.1.13

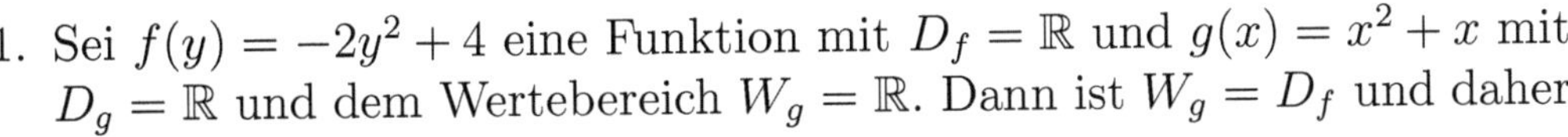

1. Sei $f(y) = -2y^2 + 4$ eine Funktion mit $D_f = \mathbb{R}$ und $g(x) = x^2 + x$ mit $D_g = \mathbb{R}$ und dem Wertebereich $W_g = \mathbb{R}$. Dann ist $W_g = D_f$ und daher

$$f \circ g(x) = -2(x^2 + x)^2 + 4 = -2x^4 - 4x^3 - 2x^2 + 4$$

mit $D_{f \circ g} = \mathbb{R} = W_{f \circ g}$.

2. Sei $z = (2x + 3)^2$ mit dem Definitionsbereich $D = \mathbb{R}$. Wird $f(y) = y^2$ mit $D_f = \mathbb{R}$ und $g(x) = 2x + 3$ mit $D_g = \mathbb{R}$ gewählt, so ist $W_g = \mathbb{R}$ und damit gelten $W_g \subseteq D_f$ und

$$z = f \circ g(x).$$

Gerade das zweite Beispiel spielt in der Differentialrechnung eine wesentliche Rolle, wenn es um die Bestimmung der Ableitung von Funktionen geht.

Umkehrfunktion

In den Wirtschaftswissenschaften ist zumeist die Einordnung der Variablen in abhängige bzw. unabhängige Variable nicht fest gegeben. So ist es durchaus üblich, die abgesetzte Menge eines Gutes in Abhängigkeit des Preises zu bestimmen, andererseits kommt aber auch eine Bestimmung des Preises in Abhängigkeit der abgesetzten Menge in Frage.
Die Darstellungsformen lassen sich durch Bilden der **Umkehrfunktion** ineinander überführen. Die nachfolgende Eigenschaft ist Bedingung für die Existenz einer Umkehrfunktion.

Definition 2.1.11
Eine Funktion $f : D_f \longrightarrow W_f$ heißt **eineindeutig**, falls für alle $x_1, x_2 \in D_f$ aus $f(x_1) = f(x_2)$ folgt, dass $x_1 = x_2$.

Eine Funktion ist also eineindeutig, falls es zu jedem Funktionswert $y \in W_f$ genau einen Wert $x \in D_f$ gibt, für den gilt, dass $f(x) = y$.

Satz 2.1.2
Eine Funktion $f : D_f \longrightarrow W_f$ besitzt genau dann eine **Umkehrfunktion** f^{-1}, wenn f eineindeutig ist. Man schreibt für die Umkehrfunktion

$$f^{-1} : W_f \longrightarrow D_f; y \mapsto f^{-1}(y).$$

Ist f als analytischer Ausdruck gegeben, so wird der Ausdruck für die Umkehrfunktion bestimmt, indem die Gleichung

$$f(x) = y$$

nach der Variablen x aufgelöst wird, sofern dies möglich ist.

Beispiel 2.1.14

1. Für die Funktion $f(x) = 3x + 4$ mit $D_f = \mathbb{R}$ und $W_f = \mathbb{R}$ existiert die Umkehrfunktion, da $f(x)$ eine eineindeutige Funktion ist. Die Umkehrfunktion ergibt sich aus

$$\begin{aligned} y &= 3x + 4 \\ y - 4 &= 3x \\ x &= \tfrac{y-4}{3}. \end{aligned}$$

Somit gilt $x = f^{-1}(y) = \frac{1}{3}y - \frac{4}{3}$.
In den Wirtschaftswissenschaften ist es nicht üblich, die Bezeichnung der Variablen in der Umkehrfunktion zu vertauschen, wie es in der elementaren Analysis der Fall ist. Da die Variablen in den Wirtschaftswissenschaften mit einem ökonomischen Wert wie zum Beispiel dem Preis oder der Menge belegt sind, würde eine Vertauschung die ökonomische Bedeutung der Funktion aufheben.
Grafisch lässt sich die Umkehrfunktion als Spiegelung der Funktion an der Geraden $y = x$ bestimmen.

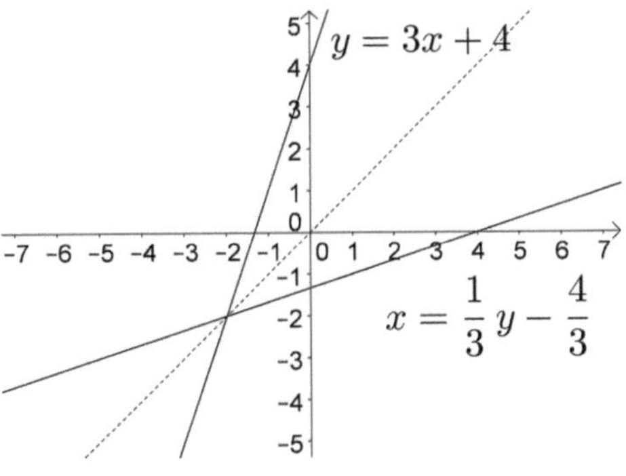

2. Die Funktion $f(x) = x^2$ ist nur dann eineindeutig, wenn der Definitionsbereich eingeschränkt wird, zum Beispiel auf $D_f = \mathbb{R}^+$. Dann ist $W_f = \mathbb{R}^+$ und die Umkehrfunktion ergibt sich zu $x = f^{-1}(y) = \sqrt{y}$ mit $D_{f^{-1}} = \mathbb{R}^+$ und $W_{f^{-1}} = \mathbb{R}^+$. Für $D_f = \mathbb{R}$ wäre $f^{-1}(y)$ keine Funktion, da jeweils zwei Werte x existieren, für die gilt, dass $y = x^2$.

Bemerkung 2.1.1
Für eine Funktion $f : D_f \longrightarrow W_f$ gelten stets

$$D_f = W_{f^{-1}} \text{ und } W_f = D_{f^{-1}}.$$

2.1.3 Grenzwerte von Funktionen

Auch für Funktionen spielt der Begriff des Grenzwertes eine große Rolle. Im Gegensatz zu den Folgen wird die Entwicklung von Funktionen nicht nur für sehr große Werte der unabhängigen Variablen untersucht, sondern auch das Verhalten der Funktion an beliebigen Stellen x.

Definition 2.1.12
Sei $f : D_f \longrightarrow W_f$ eine Funktion und $x^* \in D_f$ gegeben. Dann existiert der **Grenzwert** von f in x^*, wenn für jede Folge (x_n) mit $x_n \to x^*$ die Folge $(f(x_n))$ existiert und gegen $y^* \in W_f$ konvergiert, geschrieben

$$\lim_{x \to x^*} f(x) = y^*.$$

Die Folge (x_n) muss sich dem Wert x^* dabei beliebig nähern. Ferner definiert man die einseitigen Grenzwerte

- **rechtsseitiger Grenzwert**: $\lim\limits_{x \to x^{*+}} f(x) = y^{*+}$
- **linksseitiger Grenzwert**: $\lim\limits_{x \to x^{*-}} f(x) = y^{*-}$.

Der Grenzwert von f in x^* existiert, wenn

$$\lim_{x \to x^{*+}} f(x) = \lim_{x \to x^{*-}} f(x).$$

Analog zu den Grenzwertsätzen für Folgen existieren auch für Grenzwerte von Funktionen Rechenregeln.

Satz 2.1.3
Seien f und g reelle Funktionen mit $a := \lim_{x \to x^*} f(x)$ und $b := \lim_{x \to x^*} g(x)$. Sei ferner $\alpha \in \mathbb{R}$. Dann gelten für $x \to x^*$:

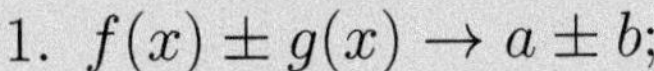

1. $f(x) \pm g(x) \to a \pm b$;
2. $f(x) \cdot g(x) \quad \to a \cdot b$;
3. $\alpha \cdot f(x) \quad \to \alpha \cdot a$;
4. $\frac{f(x)}{g(x)} \quad \to \frac{a}{b}$, falls $g(x) \neq 0$ in einer Umgebung von x^* und $b \neq 0$.

Beispiel 2.1.15

1. Es ist $\lim_{x \to 3} \frac{x^2+3x-1}{2x+5} = \frac{9+9-1}{6+5} = \frac{17}{11}$.

2. Gesucht sei $\lim_{x \to 2} \frac{5}{2-x}$.
   Da der Nenner der Funktion $f(x) = \frac{5}{2-x}$ an der Stelle $x = 2$ den Wert 0 annimmt, ist die Funktion in $x = 2$ nicht definiert.
   Für die Bestimmung des Grenzwertes werde eine beliebige Folge von x-Werten betrachtet, welche gegen 2 strebt. Der Nenner $2 - x$ nimmt in Abhängigkeit der Richtung, aus welcher sich die Folge der x-Werte der 2 annähert, unterschiedliche Vorzeichen an:

   - Für $x \to 2, x > 2$ gilt $2 - x < 0$ und damit $\lim_{x \to 2^+} 2 - x = 0^-$.
   - Für $x \to 2, x < 2$ gilt $2 - x > 0$ und damit $\lim_{x \to 2^-} 2 - x = 0^+$.

   Somit ergibt sich kein Grenzwert an der Stelle $x = 2$, es können aber die einseitigen (uneigentlichen) Grenzwerte angegeben werden:

$$\lim_{x \to 2^+} \frac{5}{2-x} = -\infty \text{ und } \lim_{x \to 2^-} \frac{5}{2-x} = \infty.$$

3. Gesucht sei $\lim\limits_{x\to 3} \frac{x^2-2x-3}{x^2-x-6}$. Sowohl Zähler als auch Nenner der Funktion nehmen für $x = 3$ den Wert 0 an. Dies bedeutet, das in Zähler und Nenner der Linearfaktor $x - 3$ enthalten ist. Durch Polynomdivision oder das Hornerschema werden Zähler und Nenner faktorisiert:

   (a) Faktorisierung des Zählers durch Polynomdivision:

$$
\begin{array}{rrrrl}
 & (x^2 & -\ 2x & -\ 3) & : (x - 3) = x + 1 \\
- & (x^2 & -\ 3x) & & \\
\hline
 & & (x & -\ 3) & \\
 & - & (x & -\ 3) & \\
\hline
 & & & 0 &
\end{array}
$$

   Der Zähler ergibt sich zu $(x^2 - 2x - 3) = (x - 3)(x + 1)$.

   (b) Faktorisierung des Nenners durch das Hornerschema:
   In der Tabelle werden die Koeffizienten des Polynoms notiert. Der Koeffizient der führenden Potenz wird in der dritten Zeile wiederholt.
   Dieser wird mit dem Wert der Nullstelle multipliziert und unter den Koeffizienten der nächstkleineren Potenz in die zweite Zeile geschrieben.
   In der dritten Zeile stehen stets die Spaltensummen. Diese werden wieder mit dem Wert der bekannten Nullstelle multipliziert und in die zweite Zeile geschrieben. Die Spaltensummen entsprechen den Koeffizienten des Ergebnisses.

	1	−1	−6
$x = 3$		3	6
	1	2	0

   Der Nenner ergibt sich zu $(x^2 - x - 6) = (x - 3)(x + 2)$.

Der gesuchte Grenzwert ist nun gegeben durch

$$\lim_{x\to 3} \frac{x^2 - 2x - 3}{x^2 - x - 6} = \lim_{x\to 3} \frac{(x-3)(x+1)}{(x-3)(x+2)} = \lim_{x\to 3} \frac{x+1}{x+2} = \frac{4}{5}.$$

Die Bestimmung von Grenzwerten spielt für eine weitere Eigenschaft der Funktionen eine wesentliche Rolle. Diese wird im Folgenden vorgestellt.

2.1.4 Stetigkeit

Definition 2.1.13
Eine Funktion $f : D_f \longrightarrow W_f$ heißt **stetig in** x^*, wenn

1. die Funktion in x^* definiert ist, $x^* \in D_f$, und
2. der Grenzwert von $f(x)$ in x^* existiert, $\lim_{x \to x^*} f(x) = y^*$, und
3. der Grenzwert mit dem Funktionswert übereinstimmt, $y^* = f(x^*)$.

Die Funktion heißt **stetig**, wenn sie in jedem $x \in D_f$ stetig ist.

Eine Funktion kann also nur für Werte x stetig sein, für die sie auch definiert ist. Besitzt eine Funktion **Definitionslücken**, so ist zu untersuchen, wie sich die Funktion in einer Umgebung der Definitionslücke verhält.

Definition 2.1.14

- Ist eine Funktion $f : D_f \longrightarrow W_f$ an der Stelle x^* nicht definiert, besitzt aber einen Grenzwert

  $$\lim_{x \to x^*} f(x) = y^*,$$

  so heißt die Funktion **stetig ergänzbar**. Die Stelle x^* heißt auch **hebbare Unstetigkeitsstelle**.

- Gilt in einer Umgebung der Definitionslücke x^*

  $$\lim_{x \to x^*} f(x) = \infty \text{ oder } \lim_{x \to x^*} f(x) = -\infty,$$

  so nennt man die Stelle x^* **Polstelle**.

Beispiel 2.1.16

1. Gegeben sei die Funktion

$$f(x) = \begin{cases} x^2 + 2, & \text{falls } 0 \leq x \leq 1 \\ \frac{2x^2-18}{3x-9}, & \text{falls } 1 < x \leq 4 \end{cases}$$

Diese Funktion ist stückweise definiert. Kritische Stellen befinden sich

- an der Übergangsstelle $x = 1$ und
- an der Definitionslücke $x = 3$ der zweiten Teilfunktion.

Gesucht ist also zunächst der Grenzwert der Funktion $f(x)$ an der Stelle $x = 1$. Da die Teilfunktionen an dieser Stelle aufeinander treffen, ist eine Untersuchung der einseitigen Grenzwerte notwendig. Es ist $f(1) = 3$ der Funktionswert an der Stelle $x = 1$. Für den rechtsseitigen Grenzwert gilt

$$\lim_{x \to 1^+} f(x) = \lim_{x \to 1^+} \frac{2x^2 - 18}{3x - 9} = \frac{-16}{-6} = \frac{8}{3} \neq 3$$

und daraus folgt, dass die Funktion $f(x)$ an der Stelle $x = 1$ nicht stetig ist.
Es ist ferner der Grenzwert an der Stelle $x = 3$ zu prüfen. Es gilt

$$\lim_{x \to 3} f(x) = \lim_{x \to 3} \frac{2x^2 - 18}{3x - 9} = \lim_{x \to 3} \frac{(x-3)(x+3)}{3(x-3)} = \lim_{x \to 3} \frac{x+3}{3} = 2,$$

die Funktion ist somit stetig ergänzbar an der Stelle $x = 3$ durch den Wert $y = f(3) = 2$. Der Term $x - 3$ darf dabei gekürzt werden, da die Folge der x-Werte zwar gegen $x = 3$ konvergiert, diesen Wert aber nicht erreicht. Die nachfolgende Grafik zeigt die untersuchte Funktion.

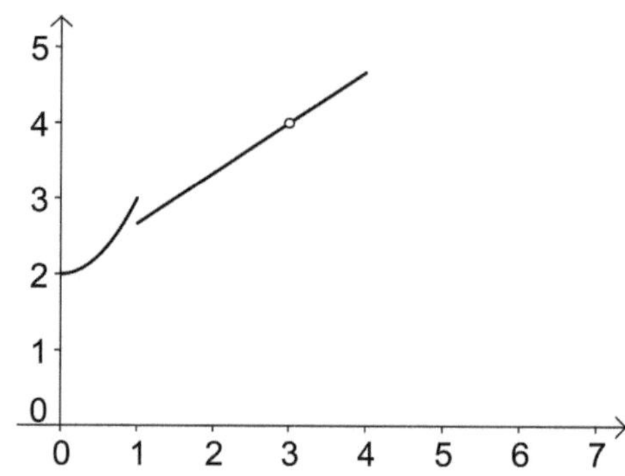

2. Gegeben sei die Funktion

$$f(x) = \begin{cases} \frac{6}{3x+6}, & \text{falls } x \geq -3 \\ -3 + \frac{1}{2}|x+5|, & \text{falls } x < -3 \end{cases}.$$

Diese Funktion besitzt die kritischen Stellen

- $x = -3$ als Übergangsstelle der Teilfunktionen.
- $x = -2$ als Definitionslücke der ersten Teilfunktion.

An der Übergangsstelle $x = -3$ besitzt die Funktion den Funktionswert $f(-3) = \frac{6}{-9+6} = -2 = \lim\limits_{x \to 3^+} f(x)$. Der linksseitige Grenzwert ist gegeben durch

$$\lim_{x \to -3^-} f(x) = \lim_{x \to -3^-} -3 + \frac{1}{2}|x+5| = -2 = f(-3),$$

die Funktion ist also stetig in $x = -3$.
Für den Grenzwert an der Stelle $x = -2$ ergibt sich

$$\lim_{x \to -2^+} f(x) = \lim_{x \to -2^+} \frac{6}{3x+6} = \infty \text{ bzw. } \lim_{x \to -2^-} f(x) = -\infty,$$

an der Stelle $x = -2$ liegt also eine Polstelle vor. Die Grafik zeigt die untersuchte Funktion.

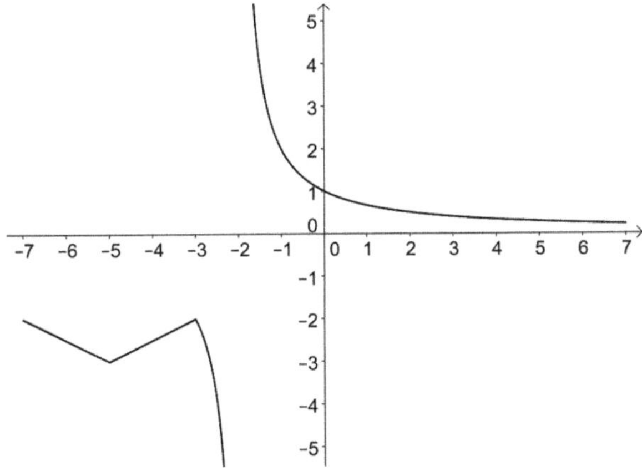

Aufgaben

Aufgabe 2.1.1

Stellen Sie die folgenden Funktionen grafisch dar.

a) $f(x) = 3x - 5.$

b) $f(x) = x^3 - 1.$

Aufgabe 2.1.2

Geben Sie Definitions- und Wertebereich der Funktionen an.

a) $f(x) = \sqrt{2x-5}.$

b) $f(x) = -3x + 7.$

c) $f(x) = \frac{1}{x+1}.$

d) $f(x) = \begin{cases} 2-x & \text{, falls } -1 \leq x \leq 1 \\ \sqrt{x} & \text{, falls } 1 < x \leq 4 \end{cases}$

Aufgabe 2.1.3

Ein Transportunternehmen kann pro Tag 250 Lieferungen ausführen. Es entstehen feste Kosten in Höhe von 3.000 EUR/Tag und Kosten in Höhe von 100 EUR/Tag pro Lieferung. Stellen Sie die zugehörige Funktion auf und bestimmen Sie den Definitionsbereich.

Aufgabe 2.1.4

Bestimmen Sie die Nullstellen der Funktionen.

a) $f(x) = 2x^2 - 6x + 4.$

b) $f(x) = -2x + 5.$

Aufgabe 2.1.5

Sind die folgenden Funktionen symmetrisch?

a) $f(x) = x^3 - x + 1.$

b) $f(x) = \frac{x^3-x^2}{x+1}.$

c) $f(x) = \frac{x}{x^2+1}.$

Aufgabe 2.1.6 

Untersuchen Sie die folgenden Funktionen auf Beschränktheit.

a) $f(x) = 3x^4 - 9$.

b) $f(x) = \sqrt{x}$.

Aufgabe 2.1.7 

Sind die Funktionen monoton?

a) $f(x) = x^3$.

b) $f(x) = \sqrt{x^2 - 1}$.

c) $f(x) = \frac{1}{x^2}$.

Aufgabe 2.1.8 

Untersuchen Sie die folgenden Funktionen bezüglich ihrer Krümmung.

a) $f(x) = x^3$.

b) $f(x) = x^4$.

Aufgabe 2.1.9 

Geben Sie eine Funktion an, welche

a) degressiv zunimmt.

b) proportional wächst.

Aufgabe 2.1.10 

Bestimmen Sie für die Funktionen die Komposition $f(g(x))$.

a) $f(x) = \sqrt{x^2 - 1}, g(x) = -x + 2$.

b) $f(x) = 2x + 5, g(x) = x^2 - 3$.

Aufgabe 2.1.11 

Bestimmen Sie jeweils rechnerisch die Umkehrfunktion.

a) $f(x) = \frac{2}{3}x + 4$.

b) $f(x) = -4x + 6$.

Aufgabe 2.1.12
Bestimmen Sie die Grenzwerte

a) $\lim\limits_{x\to\infty} \frac{3x^5-2}{x^3}$.

b) $\lim\limits_{x\to-2} \frac{x^2+x-2}{x^3+5x^2+8x+4}$.

c) $\lim\limits_{x\to 4} \frac{3x-2}{x^2+2x-10}$.

d) $\lim\limits_{x\to-3} \frac{x^2-9}{x+3}$.

e) $\lim\limits_{x\to 1} \frac{1}{x-1} - \frac{1}{x^2-1}$.

Aufgabe 2.1.13
Untersuchen Sie die Funktionen auf Stetigkeit.

a) $f(x) = \begin{cases} 2-x & \text{, falls } x \leq 2 \\ \frac{x+3}{x-4} & \text{, falls } 2 < x \leq 5 \\ \frac{x^2-9}{x-3} & \text{, falls } x > 5 \end{cases}.$

b) $f(x) = \begin{cases} \frac{x-1}{1+x^2} & \text{, falls } 0 < x < 1 \\ \frac{x^3-1}{6(2-x)} & \text{, falls } x \geq 1 \end{cases}.$

c) $f(x) = \begin{cases} \frac{3x^2-22}{2x+1} & \text{, falls } x \leq 8 \\ \sqrt{x^2+36} & \text{, falls } x > 8 \end{cases}.$

Aufgabe 2.1.14
Für welche Werte von a sind die Funktionen stetig?

a) $f(x) = \begin{cases} ax+10 & \text{, falls } x \leq 3 \\ 2ax-5 & \text{, falls } x > 3. \end{cases}$

b) $f(x) = \begin{cases} x^2-a & \text{, falls } x \leq 4 \\ \frac{ax+8}{x+1} & \text{, falls } x > 4. \end{cases}$

c) $f(x) = \begin{cases} \sqrt{\frac{5}{2}x-4a} & \text{, falls } x \leq 2 \\ ax+5 & \text{, falls } x > 2. \end{cases}$

2.2 Elementare Funktionen

In diesem Abschnitt werden elementare Funktionen vorgestellt.

Ganzrationale Funktionen

Definition 2.2.1
Eine Funktion der Form

$$y = a_n x^n + a_{n-1} x^{n-1} + \cdots + a_1 x + a_0 = \sum_{i=0}^{n} a_i x^i, a_i \in \mathbb{R}, i = 0, \ldots, n,$$

heißt **ganzrationale Funktion $n-$ten Grades**. Ganzrationale Funktionen werden auch als **Polynome** bezeichnet.

Satz 2.2.1
Für ganzrationale Funktionen gelten die folgenden Aussagen:

- Für gerades n und $a_n > 0$ ist die Funktion nach unten beschränkt.
- Für gerades n und $a_n < 0$ ist die Funktion nach oben beschränkt.
- Für ungerades n ist die Funktion nicht beschränkt.
- Ein Polynom besitzt höchstens n reelle Nullstellen $x_1, \ldots, x_n$.
- Für ein Polynom mit den n reellen Nullstellen $x_1, \ldots, x_n$ gilt

$$\sum_{i=0}^{n} a_i x^i = a_n(x - x_1)(x - x_2) \cdots (x - x_n).$$

  Ist $x = x_1$ eine Nullstelle des Polynoms $\sum_{i=0}^{n} a_i x^i$, so ist das Polynom durch $(x - x_1)$ teilbar und es gilt:

$$\sum_{i=0}^{n} a_i x^i : (x - x_1) = \sum_{i=0}^{n-1} b_i x^i.$$

  Es ergibt sich ein Polynom $(n - 1)-$ten Grades.

Beispiel 2.2.1
Die Funktion

$$f(x) = x^3 - x^2 + 2$$

ist ein Polynom 3. Grades mit den Koeffizienten $a_3 = 1, a_2 = -1, a_1 = 0$ und $a_0 = 1$.
Die Funktion besitzt eine Nullstelle in $x = -1$, es gilt

$$f(x) = x^3 - x^2 + 2 = (x + 1)(x^2 - 2x + 2).$$

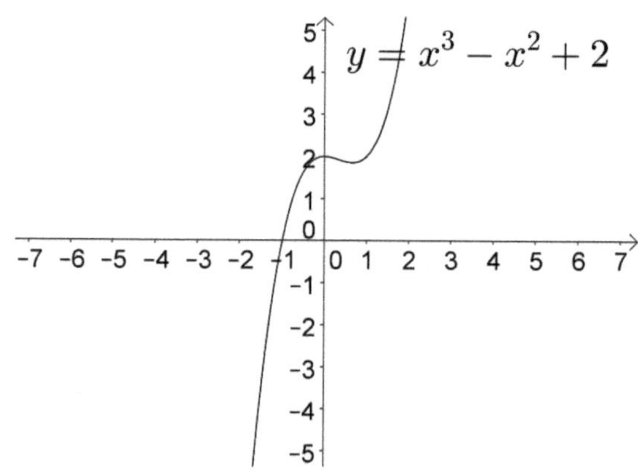

Viele ökonomische Funktionen lassen sich mithilfe von Polynomen darstellen.

gebrochen-rationale Funktion

Als gebrochen-rationale Funktion wird der Quotient zweier Polynome bezeichnet.

Definition 2.2.2
Eine Funktion der Form

$$y = \frac{a_n x^n + a_{n-1} x^{n-1} + \cdots + a_1 x + a_0}{b_m x^m + b_{m-1} x^{m-1} + \cdots + b_1 x + b_0} = \frac{\sum_{i=0}^{n} a_i x^i}{\sum_{j=0}^{m} b_j x^j},$$

mit $a_i, b_j \in \mathbb{R}, b_m \neq 0, m \geq 1$, heißt **gebrochen-rationale Funktion.**

Bemerkung 2.2.1

Für gebrochen-rationale Funktionen gelten die folgenden Aussagen

- Zur Nullstellenbestimmung bei einer gebrochen-rationalen Funktion werden die Nullstellen des Zählers bestimmt, wobei der Nenner von Null verschieden sein muss
$$\frac{\sum_{i=0}^{n} a_i x^i}{\sum_{j=0}^{m} b_j x^j} = 0 \text{ genau dann wenn } \sum_{i=0}^{n} a_i x^i = 0 \text{ und } \sum_{j=0}^{m} b_j x^j \neq 0.$$

- Eine gebrochen-rationale Funktion besitzt an der Stelle x^* einen **Pol**, falls der Nenner für $x = x^*$ den Wert Null annimmt
$$\sum_{i=0}^{n} a_i {x^*}^i \neq 0 \text{ und } \sum_{j=0}^{m} b_j {x^*}^j = 0.$$
Die Funktion besitzt an der Stelle x^* eine Definitionslücke.

- Besitzen Zähler und Nenner eine Nullstelle $x = x^*$,
$$\sum_{i=0}^{n} a_i {x^*}^i = 0 \text{ und } \sum_{j=0}^{m} b_j {x^*}^j = 0,$$
so besitzt die Funktion an der Stelle x^* eine **hebbare Unstetigkeitsstelle**. Zähler und Nenner können durch den Term $x - x^*$ gekürzt werden. Die Unstetigkeit der ursprünglichen Funktion an der Stelle $x = x^*$ kann behoben werden, indem der Funktionswert der gekürzten Funktion an der Stelle x^* bestimmt wird.

Beispiel 2.2.2

Die Funktion $f(x) = \frac{x^3}{3x^2-12}$ ist eine gebrochen-rationale Funktion mit der Nullstelle $x = 0$ und den Definitionslücken $x = 2$ und $x = -2$.

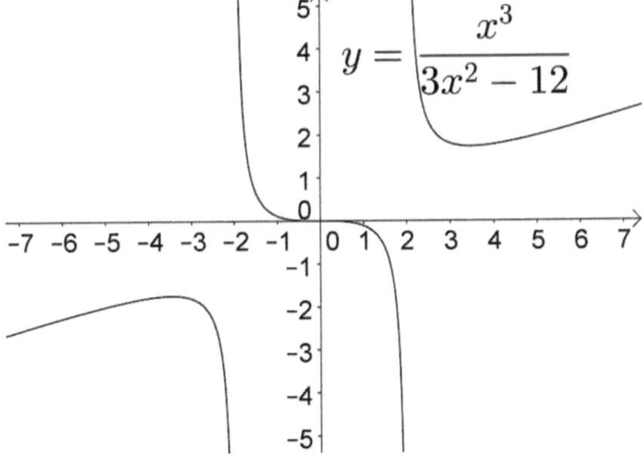

Potenzfunktion

Definition 2.2.3
Durch einen Term $y = x^n$ mit $n \in \mathbb{Z}$, wird eine **Potenzfunktion** definiert. Dabei muss $x \neq 0$ für $n < 0$ gelten.

Beispiel 2.2.3
Die Funktion $f(x) = x^7$ ist eine Potenzfunktion.

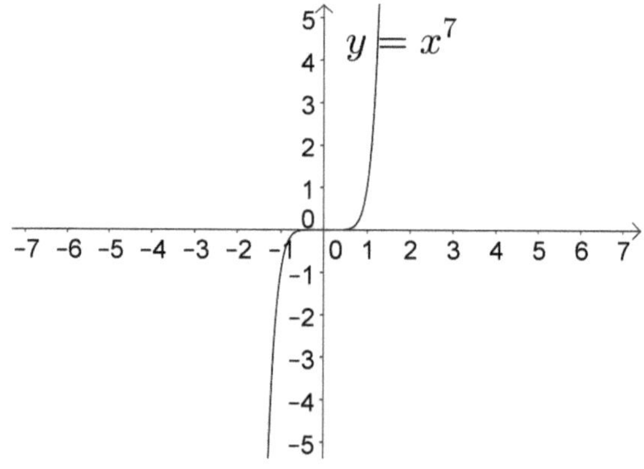

Bemerkung 2.2.2
Für $x, a, b \in \mathbb{R}/\{0\}$ gelten die folgenden Rechenregeln:

- $x^a x^b = x^{a+b}$
- $\frac{x^a}{x^b} = x^{a-b}$
- $\frac{1}{x^a} = x^{-a}$
- $(x^a)^b = x^{ab}$.

Wurzelfunktion

Definition 2.2.4
Als **Wurzelfunktion** wird jede Funktion bezeichnet, in der Wurzeln vorkommen.

Beispiel 2.2.4

Die Grafik zeigt die Wurzelfunktion $f(x) = \sqrt{x}$.

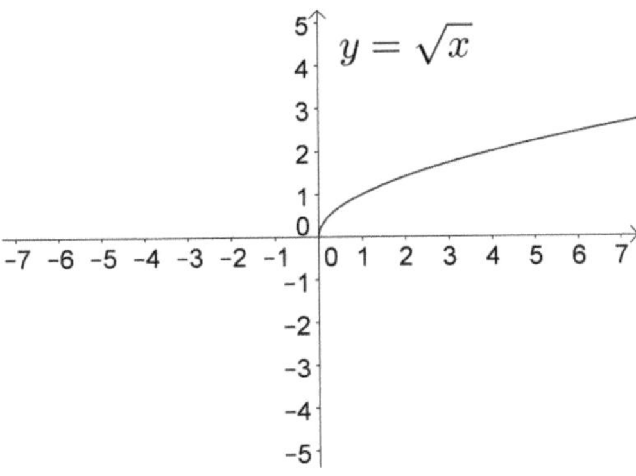

Bemerkung 2.2.3

- Potenzfunktionen mit ungeradem Exponenten sind eineindeutig. Ihre Umkehrfunktion ist stets eine Wurzelfunktion. Für Potenzfunktionen mit geradem Exponenten kann nur dann eine Umkehrfunktion bestimmt werden, wenn der Definitionsbereich beschränkt wird.
- Wurzeln aus negativen Zahlen sind nicht definiert, für den Definitionsbereich von Wurzelfunktionen gilt daher $D_f = \mathbb{R}^+ \cup \{0\}$.
- Wurzeln lassen sich stets durch Potenzen ausdrücken. Es ist $\sqrt[n]{x} = x^{\frac{1}{n}}$.
- Potenzfunktionen werden zur Beschreibung ökonomischer Prozesse verwendet, wenn der Vorgang, welcher beschrieben werden soll, ein progressives Wachstum aufweist.
- Wurzelfunktionen werden zur Beschreibung ökonomischer Prozesse verwendet, wenn der Vorgang, welcher beschrieben werden soll, ein degressives Wachstum aufweist.

Beispiel 2.2.5

1. Die Funktion $f(x) = x^3$ ist eine Potenzfunktion mit der Umkehrfunktion $f^{-1}(y) = \sqrt[3]{y}$, denn $f^{-1}(f(x)) = \sqrt[3]{x^3} = x$.
2. Die Funktion $f(x) = x^2$ ist für die Einschränkung $D_f = \mathbb{R}^+$ eineindeutig. Dann besitzt sie die Umkehrfunktion $f^{-1}(y) = \sqrt{y} = y^{\frac{1}{2}}$.

Exponentialfunktion

Definition 2.2.5
Die allgemeine Form einer **Exponentialfunktion** ist gegeben durch

$$y = \frac{\sum_{i=1}^{n} k_i a_i^{f_i(x)}}{\sum_{j=1}^{m} l_j b_j^{g_j(x)}}.$$

Dabei seien $a_i, b_j > 0$.

Exponentialfunktionen werden zur Beschreibung von Prozessen verwendet, welche einem besonders starken Wachstum unterliegen, beispielsweise um das Wachstum von Bakterienkulturen abzubilden.
Auch die Entwicklung eines verzinslichen Kapitals wird mithilfe einer Exponentialfunktion $K_n = K_0 \left(1 + \frac{p}{100}\right)^n$ beschrieben.

Beispiel 2.2.6
Die Grafik zeigt die Exponentialfunktion $f(x) = e^x$.

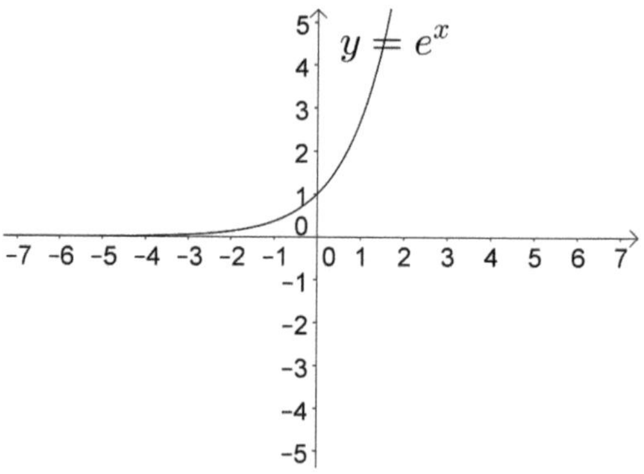

Logarithmusfunktion

Definition 2.2.6
Die **Logarithmusfunktion** zur Basis a ist definiert durch $y = log_a(x)$. Der Definitionsbereich ist gegeben durch $D = \mathbb{R}^+$.

Beispiel 2.2.7
Die Grafik zeigt die Logarithmusfunktion $f(x) = \ln(x)$.

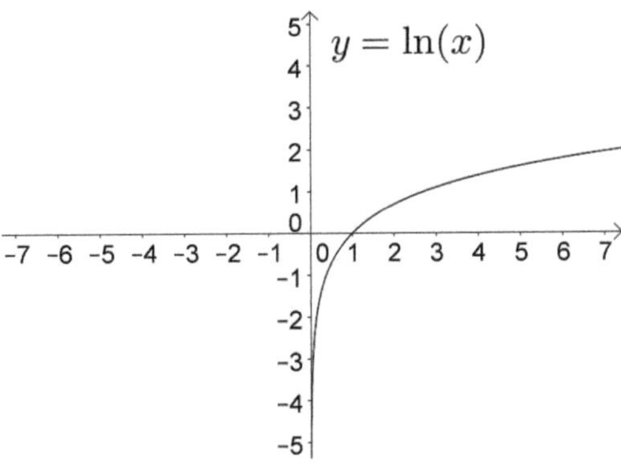

Bemerkung 2.2.4

- Besonders häufig werden die folgenden Logarithmen verwendet:
  1. Binärer Logarithmus: Basis $a = 2$.
  2. Dekadischer Logarithmus: Basis $a = 10$.
  3. Natürlicher Logarithmus: Basis $a = e$.
- Es gelten die folgenden Rechenregeln für Logarithmen:
  1. $log_a(b \cdot c) = log_a(b) + log_a(c)$
  2. $log_a(b^k) = k \cdot log_a(b)$
  3. $log_a(\frac{b}{c}) = log_a(b) - log_a(c)$.
- Als Umkehrfunktion zu $y = a^x$ ergibt sich $x = f^{-1}(y) = log_a(y)$ und zu $y = e^x$ die Funktion $x = f^{-1}(y) = ln(y)$. Die Umkehrfunktion ergibt sich dabei durch Logarithmieren der Potenzfunktion:

  $$y = a^x \text{ genau dann, wenn } log_a(y) = log_a(a^x) = xlog_a(a) = x.$$

- Exponentialfunktionen werden zur Beschreibung ökonomischer Prozesse verwendet, wenn der Vorgang, welcher beschrieben werden soll, ein progressives Wachstum aufweist.
- Logarithmusfunktionen werden zur Beschreibung ökonomischer Prozesse verwendet, wenn der Vorgang, welcher beschrieben werden soll, ein degressives Wachstum aufweist.

Trigonometrische Funktionen

Definition 2.2.7
Als **trigonometrische Funktionen** werden die Funktionen $f(x) = \sin x$, $f(x) = \cos x$, $f(x) = \tan x$ und $f(x) = \cot x$ bezeichnet.

Bemerkung 2.2.5

- Das Argument trigonometrischer Funktionen wird häufig nicht im **Winkelmaß**, sondern im **Bogenmaß** angegeben. Dieses Maß beschreibt die Länge des zum Winkel α gehörenden Bogens auf dem Einheitskreis. Zur Umrechnung gilt:
$$\frac{x}{2\pi} = \frac{\alpha}{360^\circ}.$$
- Wird das Winkelmaß verwendet, so nehmen die trigonometrischen Funktionen $\sin\alpha$ und $\cos\alpha$ jeweils nach 360° wieder denselben Funktionswert an, sie sind somit **periodische Funktionen**:
  - $\sin(n \cdot 360^\circ + \alpha) = \sin(\alpha)$;
  - $\cos(n \cdot 360^\circ + \alpha) = \cos(\alpha), n \in \mathbb{Z}$.
- Wird das Bogenmaß verwendet, so nehmen die trigonometrischen Funktionen $\sin x$ und $\cos x$ jeweils nach 2π wieder denselben Funktionswert an:
  - $\sin(n \cdot 2 \cdot \pi + x) = \sin(x)$;
  - $\cos(n \cdot 2 \cdot \pi + x) = \cos(x), n \in \mathbb{Z}$.
- $\sin(x)$ und $\cos(x)$ sind beschränkte Funktionen.

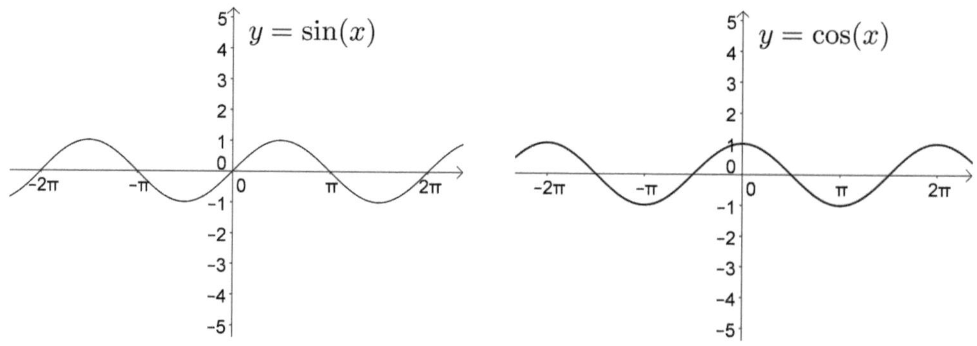

Auch für die Funktionen $\tan x$ und $\cot x$ lassen sich allgemeingültige Aussagen treffen.

Bemerkung 2.2.6

- Wird das Winkelmaß verwendet, so nehmen die trigonometrischen Funktionen $\tan \alpha$ und $\cot \alpha$ jeweils nach 180° wieder denselben Funktionswert an, sie sind somit **periodische Funktionen**:
  - $\tan(n \cdot 180° + \alpha) = \tan(\alpha)$;
  - $\cot(n \cdot 180° + \alpha) = \cot(\alpha), n \in \mathbb{Z}$.
- Wird das Bogenmaß verwendet, so nehmen die trigonometrischen Funktionen $\tan x$ und $\cot x$ jeweils nach π wieder denselben Funktionswert an:
  - $\tan(n \cdot \pi + x) = \tan(x)$;
  - $\cot(n \cdot \pi + x) = \cot(x), n \in \mathbb{Z}$.
- $\tan(x)$ besitzt Pole bei $x = (2n+1)\frac{\pi}{2}, n \in \mathbb{Z}$;
- $\cot(x)$ besitzt Pole bei $x = n\pi, n \in \mathbb{Z}$.

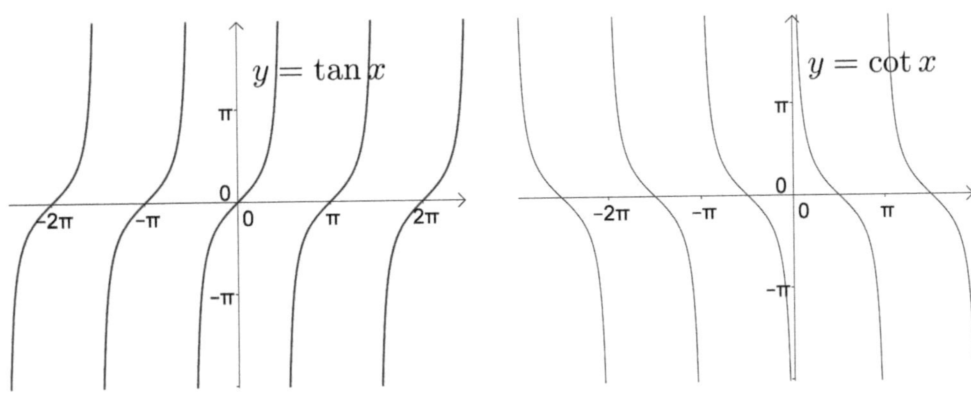

Die trigonometrischen Funktionen werden bei regelmäßigen Schwankungen zur Beschreibung ökonomischer Prozesse verwendet. So finden sie beispielsweise in der Modellierung von Konjunktur- oder Saisonschwankungen in der Zeitreihenanalyse, einem Teilgebiet der Statistik, Anwendung.

Aufgaben

Aufgabe 2.2.1

Bestimmen Sie die Nullstellen von

a) $f(x) = x^3 + 5x^2 + 2x - 8$, erste Nullstelle $x_1 = 1$,

b) $f(x) = x^3 - 4x^2 - 5x$,

c) $f(x) = x^3 + 6x^2 + 5x - 12$, erste Nullstelle $x_1 = -4$.

Aufgabe 2.2.2

Bestimmen Sie die Nullstellen der Funktionen und untersuchen Sie die Funktionen an den Definitionslücken.

a) $f(x) = \frac{x^2+7x-18}{x^2-9x+14}$.

b) $f(x) = \frac{x^2-16}{x+1}$.

c) $f(x) = \frac{x^2+2x-15}{x^2-9}$.

Aufgabe 2.2.3

Bestimmen Sie die Umkehrfunktion von

a) $f(x) = x^5$,

b) $f(x) = 2^x$,

c) $f(x) = e^{3x-1}$.

Aufgabe 2.2.4

Bestimmen Sie $\sin(\frac{\pi}{4})$ sowie $\cos(\frac{3}{2}\pi)$ und geben Sie zusätzlich die entsprechenden Winkel an.

Aufgabe 2.2.5

Geben Sie den Wertebereich der Funktionen an.

a) $f(x) = \ln x$,

b) $f(x) = \sin(x^2 + 3)$,

c) $f(x) = e^{x-5}$.

2.3 Ökonomische Funktionen

Ziel der ökonomischen Funktionen ist es, wirtschaftliche Beziehungen mithilfe einer Funktionsgleichung $y = f(x)$ zu beschreiben. Eine Zuordnung der ökonomischen Funktion zu den oben betrachteten Funktionenklassen gestaltet sich regelmäßig schwierig, da zum Einen aufwändige Untersuchungen notwendig wären und zum Anderen der betrachtete Zusammenhang in unterschiedlichen Situationen oder zu verschiedenen Zeitpunkten nicht durch denselben Funktionstyp dargestellt werden kann. Dennoch können meist zumindest einzelne Eigenschaften der Funktionen angegeben werden.
Dabei ist zu beachten, dass für ökonomische Funktionen unterschieden wird, ob eine **makroökonomische** oder eine **mikroökonomische** Untersuchung durchgeführt werden soll. Bei einer makroökonomischen Funktion werden Zusammenhänge für ganze Volkswirtschaften abgebildet, in die Funktion fließen Daten aller Haushalte einer Volkswirtschaft ein; bei einer mikroökonomischen Funktion werden dagegen Zusammenhänge für einzelne Wirtschaftssubjekte bzw. Haushalte abgebildet.

Angebotsfunktion

Mithilfe einer **Angebotsfunktion** wird abgebildet, inwieweit die angebotene Menge eines Gutes von bestimmten Faktoren abhängt. Die wichtigste Einflussgröße ist üblicherweise der Preis eines Gutes. Die Angebotsfunktion ist also eine Funktion $x = x(p)$, wobei p den Preis des Gutes und x die verkaufte Menge bezeichnet. Aus Sicht des Verkäufers ist die angebotene Menge im Allgemeinen umso höher je höher der Preis ist, da so mehr Gewinn erzielt werden kann. Eine Angebotsfunktion ist also im Allgemeinen streng monoton steigend.

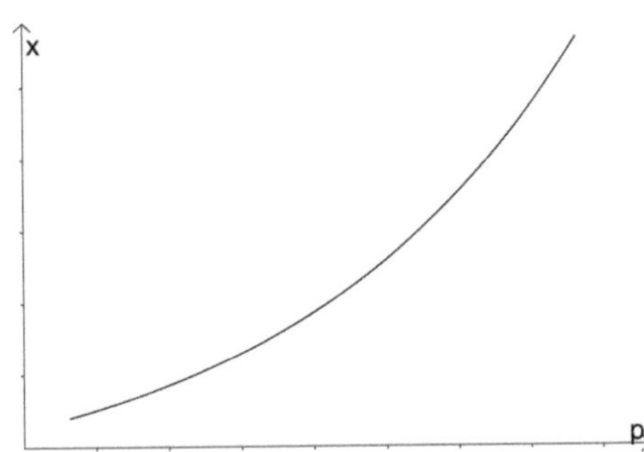

Nachfragefunktion

Die **Nachfragefunktion** $x = x(p)$ beschreibt den Zusammenhang zwischen der am Markt vorhandenen Nachfrage nach einem Gut und dem Preis dieses Gutes. In den meisten Fällen steigt die Nachfrage, je kleiner der Preis ist, daher ist die Nachfragefunktion üblicherweise streng monoton fallend.

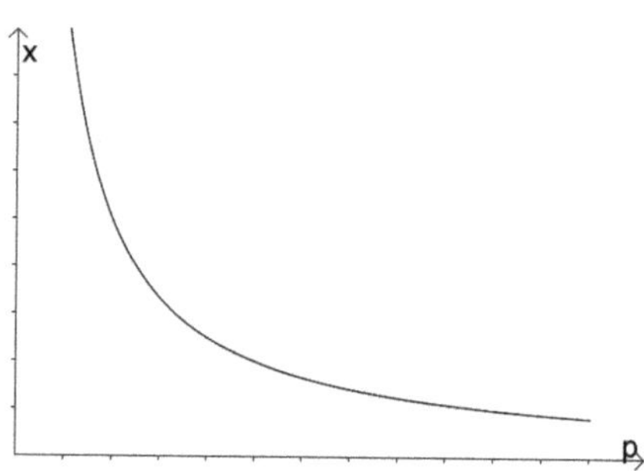

Preis-Absatz-Funktion

Angebots- und Nachfragefunktionen werden häufig auch als **Preis-Absatz-Funktion** bezeichnet. Zur Unterscheidung werden mit einem Index versehen, um anzuzeigen, welche Art der Preis-Absatz-Funktion betrachtet wird. Die Funktion $x_N(p)$ beschreibt eine Nachfragefunktion, die Funktion $x_A(p)$ beschreibt eine Angebotsfunktion. Werden diese gleichgesetzt,

$$x_N(p) = x_A(p),$$

so wird durch Auflösen der Gleichung nach p der **Gleichgewichtspreis** p_M bestimmt, welcher angibt, bei welchem Preis die angebotene Menge genau der nachgefragten Menge entspricht.
Die **Gleichgewichtsmenge** x_M ergibt sich durch Einsetzen in eine der oberen Funktionen.
Durch Bilden der Umkehrfunktion kann auch der Preis in Abhängigkeit zur nachgefragten bzw. angebotenen Menge bestimmt werden, die Funktionen lauten dann $p_N(x)$ bzw. $p_A(x)$. Der Punkt

$$(p_M, x_M)$$

wird auch als **Marktgleichgewicht** bezeichnet.

Beispiel 2.3.1
Seien für ein Gut die Angebotsfunktion $p_A(x) = 2x + 2$ und die Nachfragefunktion $p_N(x) = 18 - \frac{1}{2}x^2$ gegeben. Aus

$$p_A(x) = p_N(x) \text{ folgt } -\frac{1}{2}x^2 - 2x + 16 = 0$$

und diese Gleichung besitzt die Lösungen $x_1 = -8$ und $x_2 = 4$. Negative Werte bleiben unberücksichtigt, da der Definitionsbereich ökonomischer Funktionen auf die positiven reellen Zahlen beschränkt ist. Es ergibt sich also die Gleichgewichtsmenge $x_M = 4$ und somit der Gleichgewichtspreis $p_M = p_A(4) = 2 \cdot 4 + 2 = 10$.

Produktionsfunktion

Zur Herstellung eines Gutes werden unterschiedliche **Produktionsfaktoren** eingesetzt (Rohstoffe, Maschinen etc.). Mithilfe von **Produktionsfunktionen** $x = x(r)$ können Abhängigkeiten zwischen hergestellter Menge eines Gutes und der Einsatzmenge eines Produktionsfaktors abgebildet werden. Die nachstehenden Grafik gibt den typischen Verlauf einer **ertragsgesetzlichen** Produktionsfunktion wieder.

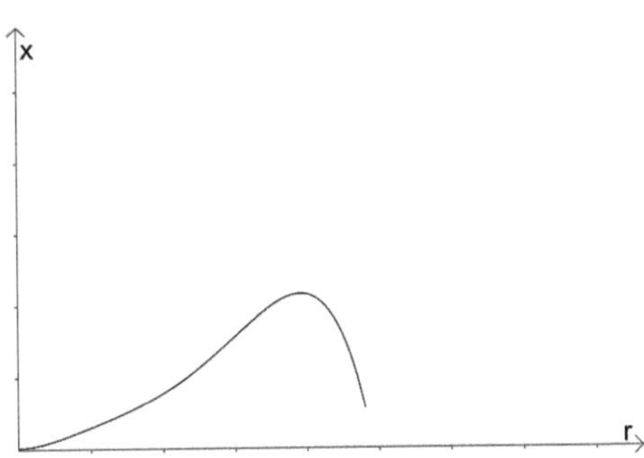

Diese Beobachtung stammt von **Turgot** und bezieht sich beispielsweise auf den Einsatz von Dünger in der Landwirtschaft. Zunächst steigt der Ertrag an, erreicht schließlich ein Maximum und fällt anschließend stetig ab.
Es wird ferner in **linear-limitationale** Produktionsfunktionen, welche ein konstantes Verhältnis der Produktionsfaktoren zueinander und zur hergestellten Menge abbilden, und **neoklassische** Produktionsfunktionen wie die in der Grafik abgebildete Produktionsfunktion unterschieden.

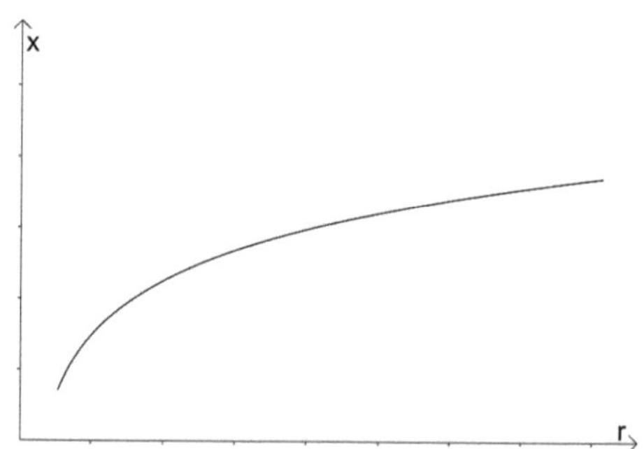

Die neoklassischen Produktionsfunktionen zeichnen sich durch degressives Wachstum aus. Es wird mit zunehmender Einsatzmenge weniger Output durch den Mehreinsatz von Faktoreinheiten erzielt.
Die Umkehrfunktion einer Produktionsfunktion beschreibt die Abhängigkeit der Einsatzmenge von Produktionsfaktoren von der Produktionsmenge und wird als **Verbrauchsfunktion** $r = r(x)$ bezeichnet.

Kostenfunktion

Die **Kostenfunktion** $K = K(x)$ eines Unternehmens bildet die in einem Zeitabschnitt hergestellte Menge eines Gutes auf die Gesamtkosten ab.
Im Allgemeinen bestehen die Kosten aus **Fixkosten** K_{fix}, welche von der Produktionsmenge unabhängig entstehen, und **variablen Kosten** $K_{var} = K_{var}(x)$, welche sich mit der Produktionsmenge x verändern,

$$K(x) = K_{fix} + K_{var}(x).$$

Die nachfolgend dargestellte Kostenfunktion verläuft **ertragsgesetzlich**.

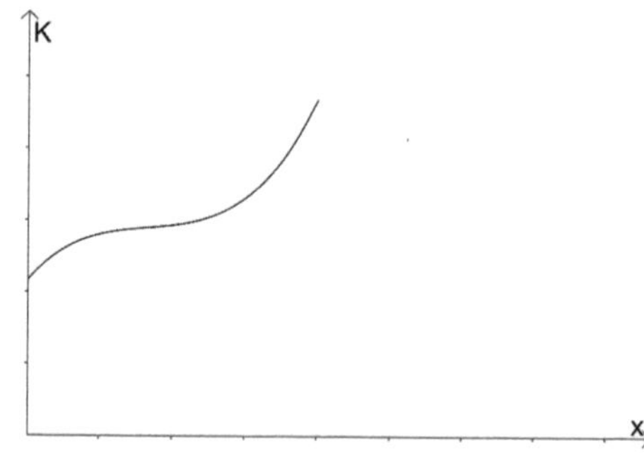

Die Kosten steigen zunächst degressiv an, da sich die Fixkosten auf eine größer werdende Menge verteilen.

Zu einem bestimmten Zeitpunkt kehrt sich das Wachstum in progressives Wachstum um, da ab einer bestimmten Produktionsmenge mit erhöhtem Kostenaufwand für die Produktion zu rechnen ist, zum Beispiel auf Grund von zusätzlich anzuschaffenden Maschinen, um die Kapazität entsprechend der gestiegenen Produktionsmenge zu erhöhen.

Bemerkung 2.3.1
Eine Kostenfunktion kann folgendermaßen verlaufen:

- proportional (linear): Die Kosten ändern sich im selben Verhältnis wie die hergestellte Menge. (z. B. bei nicht vorhandenen Fixkosten und Herstellung z. B. von Möbeln als Einzelgewerbetreibender)
- degressiv (unterproportional): Die Kosten nehmen bei steigender Produktionsmenge langsamer zu. (z. B. bei erhaltenen Nachlässen auf Grund großer Bezugsmengen)
- progressiv (überproportional): Die Kosten nehmen bei steigender Produktionsmenge stärker zu. (z. B. in Form von teuren Überstunden)
- regressiv: Die Kosten nehmen bei steigender Produktionsmenge ab (z. B. Heizkosten in Hörsälen bei steigender Studierendenzahl)
- sprungfix: Die Kosten bleiben auf bestimmten Intervallen der Produktionsmenge konstant. Zwischen diesen Intervallen steigen die Kosten auf ein anderes Niveau. Die Kostenfunktion nimmt einen treppenartigen Verlauf an. (z. B. Porto)
- ertragsgesetzlich: Die Kosten steigen zunächst degressiv an, bis eine Wendestelle der Kostenfunktion erreicht ist, anschließend ist das Wachstum progressiv.

Erlösfunktion

Die **Erlösfunktion** $E(x)$ bildet die verkaufte Menge auf den erzielten Umsatz bzw. Erlös ab. Der Umsatz ergibt sich, indem der Preis des Gutes mit der zu diesem Preis abgesetzten Menge multipliziert wird, $E(x) = p \cdot x$. Da der Preis zumeist ebenfalls abhängig von der abgesetzten Menge ist, lässt sich die Erlösfunktion auch schreiben als

$$E(x) = xp(x).$$

Gewinnfunktion

Der Gewinn eines Unternehmens entspricht dem Überschuß des Erlöses über die Kosten und wird ermittelt, indem vom Erlös die Kosten abgezogen werden,

$$G(x) = E(x) - K(x).$$

Die Funktion $G(x)$ heißt **Gewinnfunktion** und gibt den Gewinn in Abhängigkeit der Menge an. Die erste (positive) Nullstelle der Gewinnfunktion wird auch **Gewinnschwelle** genannt, die zweite (positive) Nullstelle der Gewinnfunktion heißt auch **Gewinngrenze**, das Intervall zwischen diesen beiden Nullstellen wird als **Gewinnzone** bezeichnet. Der Betrag, um den der Erlös die variablen Kosten übersteigt, heißt **Deckungsbeitrag**

$$G_D = E(x) - K_{var}(x).$$

Beispiel 2.3.2
Gegeben sei eine Preis-Absatz-Funktion $p(x) = 150 - 2x$ sowie eine Kostenfunktion $K(x) = x^3 - 10x^2 + 35x + 50$. Die Gewinnfunktion ergibt sich aus

$$G(x) = E(x) - K(x) = x \cdot p(x) - K(x)$$

zu

$$G(x) = x(150 - 2x) - (x^3 - 10x^2 + 35x + 50) = -x^3 + 8x^2 + 115x - 50.$$

Die Nullstellen dieser Funktion sind $x_1 = -7,72, x_2 = 0,42$ und $x_3 = 15,3$, die Gewinnzone ist also das Intervall $(0,42; 15,3)$.
Der Deckungsbeitrag ergibt sich zu

$$E(x) - K_{var}(x) = 150x - 2x^2 - (x^3 - 10x^2 + 35x) = -x^3 + 8x^2 - 115x.$$

Konsumfunktion

Die Funktion $c(y)$, welche den Gesamtkonsum c eines Haushaltes in Abhängigkeit vom Einkommen y des Haushaltes beschreibt, heißt **mikroökonomische Konsumfunktion**.
Je höher das Einkommen eines Haushaltes ist, umso höher sind üblicherweise auch die Ausgaben für Konsum, eine Konsumfunktion ist also zumindest monoton steigend.
Werden die Konsumfunktionen aller Haushalte einer Volkswirtschaft aggregiert, so liegt eine **makroökonomische Konsumfunktion** $C(Y)$ vor.

Sparfunktion

Es sei angenommen, dass der den Konsum übersteigende Teil des Einkommens gespart wird. Dann kann aus der Konsumfunktion durch

$$s(y) = y - c(y) \text{ bzw. } S(Y) = Y - C(Y)$$

die **mikroökonomische Sparfunktion** $s(y)$ bzw. die **makroökonomische Sparfunktion** $S(Y)$ bestimmt werden, welche die Ersparnis in Abhängigkeit des Einkommens y bzw. Y angibt. Die Nullstelle y^* der Sparfunktion, ab welcher die Sparsumme positiv wird ($s(y) > 0$ für $y > y^*$) heißt auch **Sparschwelle**.

Beispiel 2.3.3

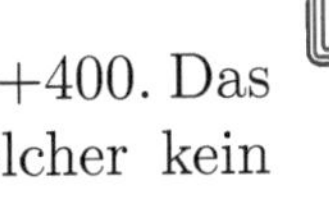

Gegeben sei die makroökonomische Konsumfunktion $C(Y) = 0,4Y + 400$. Das Existenzminimum entspricht dem Konsum eines Haushaltes, welcher kein eigenes Einkommen erzielt ($Y = 0$). Hier beträgt das Existenzminimum

$$C(0) = 400 \text{ EUR}.$$

Die Sparsumme ergibt sich aus

$$S(Y) = Y - C(Y) = 0,6Y - 400,$$

die Sparschwelle liegt also bei $Y = \frac{400}{0,6} = 666,67$ EUR, sobald das Einkommen eines Haushaltes diese Schwelle übersteigt, ist dieser in der Lage zu sparen.

Durchschnittsfunktion

In den Wirtschaftswissenschaften interessiert man sich häufig für Durchschnittswerte und somit auch Durchschnittsfunktionen. Für die ökonomische Funktion $y = f(x)$ mit $D = \mathbb{R}^+$ heißt die Funktion $\bar{y} = \frac{y}{x} = \frac{f(x)}{x}$ **Durchschnittsfunktion** zu $y = f(x)$. Die Durchschnittsfunktion wird häufig auch als **Stück-...-funktion** bezeichnet, also beispielsweise als **Stückkostenfunktion**.

Beispiel 2.3.4

Für die Kostenfunktion $K(x) = x^3 - 2x^2 + 2x + 12$ ergibt sich die Stückkostenfunktion

$$k(x) = \frac{K(x)}{x} = \frac{x^3 - 2x^2 + 2x + 12}{x} = x^2 - 2x + 2 + \frac{12}{x}.$$

Aufgaben

Aufgabe 2.3.1

Gegeben sei die Angebotsfunktion $x_A(p) = 50 + 10p$ und die Nachfragefunktion $x_N(p) = 250 - p^2$.

a) Bestimmen Sie das Marktgleichgewicht.

b) Berechnen Sie den Gesamtumsatz im Marktgleichgewicht.

c) Bestimmen Sie die Angebotsfunktion $p_A(x)$.

d) Für welchen Preis ist die nachgefragte Menge doppelt so groß wie die angebotene Menge?

Aufgabe 2.3.2

Gegeben sei die Kostenfunktion $K(x) = x^3 - 9x^2 + 44x + 12$ sowie eine Preis-Absatz-Funktion $p(x) = -2x + 40$.

a) Bestimmen Sie die Stückkostenfunktion.

b) Bestimmen Sie die Erlösfunktion und die Gewinnfunktion.

c) Bestimmen Sie die Gewinnzone.

Aufgabe 2.3.3

Ein Haushalt bekommt zwei Angebote für Telefonie:

- Tarif 1: Grundkosten 20 EUR/Monat, je Einheit 0,15 EUR
- Tarif 2: Grundkosten 30 EUR/Monat, je Einheit 0,10 EUR

a) Geben Sie jeweils die Kostenfunktion an.

b) Ab wie vielen Einheiten ist Tarif 2 günstiger?

Aufgabe 2.3.4

Bestimmen Sie die Faktorverbrauchsfunktion.

a) $x(r) = \sqrt{3r - 60}$,

b) $x(r) = \ln((2r - 1)^2)$.

Aufgabe 2.3.5

Die Konsumausgaben eines Haushaltes (in EUR/Monat) seien gegeben durch

$$c(y) = 60\sqrt{0,3y + 49}.$$

Das Einkommen werde ausschließlich für Konsum- und Sparzwecke eingesetzt.

a) Wie hoch ist das Existenzminimum?

b) Ab welchem Einkommen wird Geld gespart?

c) Für welches Einkommen werden 30% des Einkommens gespart?

d) Für welches Einkommen stimmen Sparsumme und Konsumsumme überein?

Aufgabe 2.3.6

Gegeben sei eine Kostenfunktion $K(x) = \ln(2x + 5) + 100$

a) Geben Sie die Fixkosten an.

b) Bestimmen Sie die Stückkosten für $x = 10$ produzierte Einheiten.

Aufgabe 2.3.7

Gegeben sei eine Produktionsfunktion $x(r) = -0,2r^3 + 8r^2$. Der Einsatzfaktor R koste 20 EUR/Mengeneinheit. Das Produkt werde zu einem Preis von 50 EUR/Mengeneinheit verkauft. Weitere Geldflüsse seien nicht vorhanden.

a) Bestimmen Sie die Kostenfunktion.

b) Bestimmen Sie die Erlösfunktion.

c) Bestimmen Sie die Gewinnfunktion.

d) Bestimmen Sie den Stückerlös für eine Einsatzmenge von $r = 10$ Mengeneinheiten.

Aufgabe 2.3.8

Gegeben sei die Preis-Absatz-Funktion $x(p) = 80 - 2p$ sowie die Kostenfunktion $K(x) = 20x + 150$.

a) Geben Sie die Gewinnfunktion an.

b) Bestimmen Sie die Gewinnzone.

3 Differentialrechnung für Funktionen mit einer unabhängigen Variablen

3.1 Differenzierbarkeit einer Funktion

Ziel der Wirtschaftswissenschaften ist es, für Unternehmen nicht nur den Istzustand zu betrachten, sondern auch mögliche Änderungen der Einsatzfaktoren zu berücksichtigen und die Auswirkungen dieser Änderungen auf den jeweiligen Funktionswert abzuschätzen.
Ist beispielsweise eine Gewinnfunktion $G(x)$ bekannt, so kann mithilfe der aktuell hergestellten Produktionsmenge x der derzeitige Gewinn bestimmt werden. Um Produktionsplanungen für die Zukunft aufstellen zu können, soll im Weiteren abgeschätzt werden, wie sich der Gewinn ändert, wenn die Produktionsmenge verändert wird.
Es soll also nicht mehr die Menge x, sondern nunmehr die Menge $x + \Delta x$ hergestellt werden. Der Wert Δx ist dabei eine reelle Zahl, der Ausdruck Δ drückt dabei aus, dass die Variable x verändert wird und nimmt selbst keinen Wert an. Der Gewinn ändert sich zu $G(x + \Delta x)$. Die Veränderung des Gewinns beträgt dann

$$\Delta G = G(x + \Delta x) - G(x).$$

Da sich der Wert von ΔG mit jedem x und jeder Änderung der Größe Δx ändert, lassen sich verschiedene Situationen nicht miteinander vergleichen. Um die Vergleichbarkeit herzustellen, wird nicht die absolute Änderung ΔG betrachtet, sondern die durchschnittliche Änderung je Einheit.

Diese durchschnittliche Änderung beträgt

$$\frac{\Delta G}{\Delta x} = \frac{G(x + \Delta x) - G(x)}{\Delta x}$$

und heißt **Differenzenquotient** der Funktion G.

Definition 3.1.1
Sei $f : D_f \longrightarrow W_f$ eine stetige Funktion und Δx die Änderung der unabhängigen Variablen von x auf $x + \Delta x$, so ist

$$\Delta y = f(x + \Delta x) - f(x)$$

die zugehörige Änderung des Funktionswertes und

$$\frac{\Delta y}{\Delta x} = \frac{f(x + \Delta x) - f(x)}{\Delta x}$$

heißt **Differenzenquotient** der Funktion.

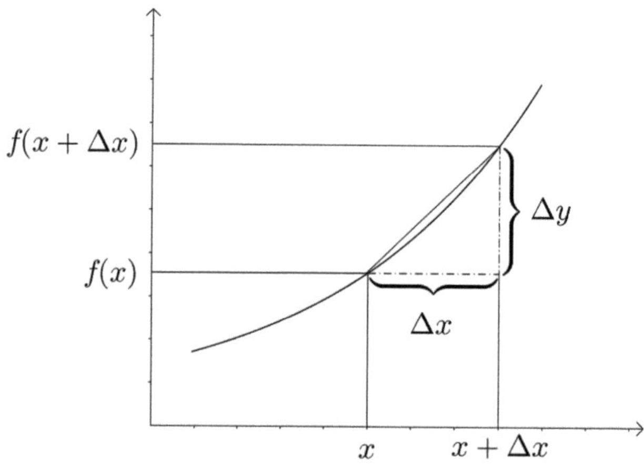

Der Differenzenquotient entspricht gerade der Steigung der Sekante durch die Punkte $(x, f(x))$ und $(x + \Delta x, f(x + \Delta x))$ und gibt an, wie sich der Funktionswert im Intervall $[x, x + \Delta x]$ durchschnittlich ändert.
Um die Abhängigkeit des Differenzenquotienten von dem Wert Δx zu eliminieren, soll für Δx nun der Grenzwert gegen Null betrachtet werden.

Grafisch entspricht dies der Verschiebung von $x + \Delta x$ zu dem Wert x. Die Sekante verändert sich entsprechend und nähert sich für $\Delta x \to 0$ der Tangente an die Funktion $f(x)$ im Punkt $(x, f(x))$ an. Mithilfe dieses Grenzwertes kann nun die erste Ableitung einer Funktion definiert werden.

Definition 3.1.2
Sei $f : D_f \longrightarrow W_f$ eine reelle Funktion. Die Funktion $f(x)$ besitzt für $x \in D_f$ eine **erste Ableitung** $f'(x)$, falls der Grenzwert

$$\lim_{\Delta x \to 0} \frac{\Delta y}{\Delta x} = \lim_{\Delta x \to 0} \frac{f(x + \Delta x) - f(x)}{\Delta x}$$

existiert. Es gilt dann $f'(x) = \lim\limits_{\Delta x \to 0} \frac{\Delta y}{\Delta x}$. Die erste Ableitung wird auch als **Differentialquotient** bezeichnet, geschrieben

$$\frac{dy}{dx}; \frac{d}{dx}f(x) \text{ oder } f'(x).$$

Die **Ableitung von f an der Stelle** x^* wird geschrieben als

$$\frac{dy}{dx}|_{x=x^*}; \frac{d}{dx}f(x)|_{x=x^*} \text{ oder } f'(x^*).$$

Existiert der Grenzwert für alle $x \in D_f$, so heißt f **differenzierbar**.

Beispiel 3.1.1
Gegeben sei die Funktion $f(x) = x^3$. Dann ist

$$\begin{aligned}\frac{\Delta y}{\Delta x} &= \frac{(x + \Delta x)^3 - x^3}{\Delta x} = \frac{x^3 + 3x^2\Delta x + 3x\Delta x^2 + \Delta x^3 - x^3}{\Delta x} \\ &= \frac{\Delta x(3x^2 + 3x\Delta x + \Delta x^2)}{\Delta x} = 3x^2 + 3x\Delta x + \Delta x^2.\end{aligned}$$

Es folgt

$$f'(x) = \lim_{\Delta x \to 0} 3x^2 + 3x\Delta x + \Delta x^2 = 3x^2.$$

Häufig genügt es, die erste Ableitung einiger elementarer Funktionen und einige Differentiationsregeln zu kennen, um auch schwierigere Funktionen ableiten zu können. Diese werden in den nächsten Abschnitten vorgestellt.

3.1.1 Die erste Ableitung elementarer Funktionen

$f(x)$	$f'(x)$
c	0
$ax+b$	a
x^n	nx^{n-1}
$\frac{1}{x}$	$-\frac{1}{x^2}$
$\frac{1}{x^n}$	$-\frac{n}{x^{n+1}}$
$\frac{1}{f(x)}$	$-\frac{f'(x)}{(f(x))^2}$
$\sqrt{x}$	$\frac{1}{2\sqrt{x}}$
$\sqrt{f(x)}$	$\frac{f'(x)}{2\sqrt{f(x)}}$
$\frac{1}{\sqrt{x}}$	$-\frac{1}{2\sqrt{x^3}}$
$\sqrt[n]{x}$	$\frac{1}{n\sqrt[n]{x^{n-1}}}$
e^x	e^x
a^x	$a^x \ln a$

$f(x)$	$f'(x)$
$e^{f(x)}$	$f'(x)e^{f(x)}$
$a^{f(x)}$	$f'(x)a^{f(x)} \ln a$
x^x	$x^x(1+\ln x)$
$\ln x$	$\frac{1}{x}$
$\ln(x^n)$	$\frac{n}{x}$
$\log_a x$	$\frac{1}{x \ln a}$
$\ln f(x)$	$\frac{f'(x)}{f(x)}$
$\log_a f(x)$	$\frac{f'(x)}{f(x) \ln a}$
$\sin x$	$\cos x$
$\cos x$	$-\sin x$
$\tan x$	$\frac{1}{\cos^2 x}$
$\cot x$	$-\frac{1}{\sin^2 x}$

3.1.2 Ableitungsregeln

Satz 3.1.1 (Konstantenregel)
Sei $f : D_f \longrightarrow W_f$ eine differenzierbare Funktion. Dann ist für $a \in \mathbb{R}$ auch $a \cdot f(x)$ differenzierbar und es gilt:

$$(a \cdot f(x))' = a \cdot f'(x).$$

Beispiel 3.1.2

1. Sei $f(x) = 5x^3$ gegeben. Dann ist $f'(x) = 5 \cdot 3x^2 = 15x^2$.
2. Sei $f(x) = 10 \sin x$ gegeben. Dann ist $f'(x) = 10 \cdot \cos x$.

Satz 3.1.2 (Summenregel)
Seien $f_i : D \longrightarrow W$, $i = 1, \ldots, n$ differenzierbare Funktionen und $a_i \in \mathbb{R}$, $i = 1, \ldots, n$. Dann ist auch $\sum\limits_{i=1}^{n} a_i f_i(x)$ differenzierbar und es gilt:

$$\left(\sum_{i=1}^{n} a_i f_i(x)\right)' = \sum_{i=1}^{n} a_i f_i'(x).$$

Beispiel 3.1.3

1. Sei $f(x) = 2x^3 - x^2 + 3x - 10$ gegeben. Dann ist $f'(x) = 6x^2 - 2x + 3$.
2. Sei $f(x) = 5 \ln x - 2\sqrt{x}$ gegeben. Dann ist $f'(x) = \frac{5}{x} - \frac{1}{\sqrt{x}}$.

Satz 3.1.3 (Produktregel)
Seien $u, v : D \longrightarrow W$ differenzierbare Funktionen. Dann ist auch $u(x) \cdot v(x)$ differenzierbar und es gilt:

$$(u(x) \cdot v(x))' = u'(x) \cdot v(x) + u(x) \cdot v'(x).$$

Beispiel 3.1.4

1. Sei $f(x) = x^2 \cdot \cos x$ gegeben. Dann sind $u(x) = x^2$ mit $u'(x) = 2x$ und $v(x) = \cos x$ mit $v'(x) = -\sin x$. Es folgt $f'(x) = 2x \cdot \sin x - x^2 \cdot \cos x$.
2. Sei $f(x) = x \cdot e^x$ gegeben. Dann sind $u(x) = x$, also $u'(x) = 1$ und $v(x) = e^x$, also $v'(x) = e^x$. Es folgt $f'(x) = 1 \cdot e^x + x \cdot e^x = e^x(1 + x)$.

Satz 3.1.4 (Quotientenregel)
Seien $u, v : D \longrightarrow W$ differenzierbare Funktionen mit $v(x) \neq 0$. Dann ist auch $\frac{u(x)}{v(x)}$ differenzierbar und es gilt:

$$(\frac{u(x)}{v(x)})' = \frac{u'(x) \cdot v(x) - u(x) \cdot v'(x)}{(v(x))^2}.$$

Beispiel 3.1.5

1. Sei $f(x) = \frac{2x+5}{x^2-4}$ gegeben. Dann sind $u(x) = 2x + 5$ mit $u'(x) = 2$ und $v(x) = x^2 - 4$ mit $v'(x) = 2x$. Es folgt

$$f'(x) = \frac{2 \cdot x^2 - (2x-5) \cdot 2x}{(x^2-4)^2} = \frac{-2x^2 + 10x}{(x^2-4)^2}.$$

2. Sei $f(x) = \frac{\sin x}{\cos x}$ gegeben. Dann sind $u(x) = \sin x$ mit $u'(x) = \cos x$ und $v(x) = \cos x$ mit $v'(x) = -\sin x$. Es folgt

$$f'(x) = \frac{\cos x \cdot \cos x + \sin x \cdot \sin x}{\cos^2 x} = \frac{\sin^2 x + \cos^2 x}{\cos^2 x} = \frac{1}{\cos^2 x}.$$

Satz 3.1.5 (Kettenregel)
Seien $u, v : D \longrightarrow W$ differenzierbare Funktionen. Dann ist auch $u(v(x))$ differenzierbar und es gilt:

$$(u(v(x)))' = u'(v(x)) \cdot v'(x).$$

Dabei werden $u'(v(x))$ auch **äußere Ableitung** und $v'(x)$ **innere Ableitung** genannt.

Beispiel 3.1.6

1. Sei $f(x) = \sqrt{3x^2 + 6}$ gegeben. Dann sind $u(y) = \sqrt{y}$ mit $u'(y) = \frac{1}{2\sqrt{y}}$ und $v(x) = 3x^2 + 6$ mit $v'(x) = 6x$. Es folgt

$$f'(x) = \frac{1}{2\sqrt{3x^2+6}} \cdot 6x = \frac{3x}{\sqrt{3x^2+6}}.$$

2. Sei $f(x) = e^{2x^2-x}$ gegeben. Dann sind $u(y) = e^y$ mit $u'(y) = e^y$ und $v(x) = 2x^2 - x$ mit $v'(x) = 4x - 1$. Es folgt $f'(x) = e^{2x^2-x} \cdot (4x - 1)$.

3. Sei $f(x) = \cos(2x - 1)$ gegeben. Dann sind $u(y) = \cos y$ mit $u'(y) = -\sin y$ und $v(x) = 2x-1$ mit $v'(x) = 2$. Es folgt $f'(x) = -\sin(2x-1) \cdot 2$.

3.1.3 Höhere Ableitungen

Ist die erste Ableitung eine differenzierbare Funktion, so kann die zweite Ableitung gebildet werden.

Definition 3.1.3
Gegeben sei eine Funktion $f : D_f \longrightarrow W_f$, deren erste Ableitung $f'(x)$ wieder eine differenzierbare Funktion sei. Die erste Ableitung der Funktion $f'(x)$ heißt **zweite Ableitung** von $f(x)$ und wird mit

$$\frac{d^2y}{dx^2} \text{ oder } f''(x)$$

bezeichnet.

Durch weiteres Differenzieren können auch **höhere Ableitungen** bestimmt werden. Für die $n-$te Ableitung wird häufig auch $\boldsymbol{f^{(n)}(x)}$ geschrieben.

Beispiel 3.1.7
Sei $f(x) = 6x^3 - 2x^2 + 3x - 1$. Dann sind $f'(x) = 18x^2 - 4x + 3$, $f''(x) = 36x - 4$, $f'''(x) = 36$ und $f^{(4)}(x) = 0$.

Ist eine Ableitung stetig, so nennt man die Funktion auch **stetig differenzierbar**.

3.1.4 Ableitungen ökonomischer Funktionen

Für ökonomische Funktionen bietet die erste Ableitung eine Möglichkeit, Änderungen der Funktionswerte abzuschätzen, wodurch Rechenaufwand eingespart werden kann. Da

$$f'(x^*) = \lim_{\Delta x \to 0} \frac{f(x^* + \Delta x) - f(x^*)}{\Delta x}$$

und Δx bei dieser Grenzwertbetrachtung **marginal** ist, also vernachlässigbar klein, heißt die Ableitung $f'(x)$ in den Wirtschaftswissenschaften auch **Marginalfunktion** oder **Grenzfunktion**.

Da in ökonomischen Anwendungen x^* häufig eine große Zahl von Einheiten ist, kann eine Erhöhung um eine Einheit als entsprechend kleine Änderung angesehen werden. Daher wird die erste Ableitung in der Ökonomie auch folgendermaßen interpretiert:
Der Wert $f'(x^*)$ gibt ungefähr die Änderung $f(x^*+1)-f(x^*)$ der Funktionswerte an, welche durch eine Erhöhung der unabhängigen Variable um eine Einheit bewirkt wird.

Beispiel 3.1.8
Gegeben sei die Gewinnfunktion $G(x) = -x^2 + 300x - 100$. Die erste Ableitung ist gegeben durch $G'(x) = -2x + 300$ und heißt **Grenzgewinn**.
Für die Menge $x = 100$ gilt: $G(100) = 19.900$, es werden also 19.900 Geldeinheiten Gewinn erzielt, wenn $x = 100$ Mengeneinheiten verkauft werden.
Außerdem ist $G'(100) = 100$, wird also, ausgehend von $x = 100$, eine Einheit zusätzlich verkauft, so steigt der Gewinn um näherungsweise 100 Geldeinheiten auf dann 20.000 Geldeinheiten.
Zum Vergleich: Es ist $G(101) = 19.999$, der Fehler der Näherung mithilfe der ersten Ableitung beträgt nur eine Einheit, dies entspricht im vorliegenden Fall 1%.

Die durch die erste Ableitung geschätzte Funktionswertänderung ist nur dann eine gute Näherung, wenn die Veränderung um eine Einheit in Bezug auf die Ausgangsgröße klein genug ist, im vorliegenden Beispiel ist dies der Fall.

Nachfolgend werden die wichtigsten ökonomischen Funktionen im Hinblick auf die Bedeutung ihrer ersten Ableitung untersucht.

Kostenfunktion

Für eine Kostenfunktion $K(x)$ bezeichnet der Funktionswert die Gesamtkosten für x produzierte Einheiten. Die erste Ableitung $K'(x)$ wird als **Grenzkostenfunktion** bezeichnet und gibt näherungsweise die Veränderung der Kosten $K(x)$ bei Veränderung der Produktionsmenge um eine Einheit an.

Wird dagegen die Stückkostenfunktion $k(x) = \frac{K(x)}{x}$ betrachtet, welche die Kosten je Stück bei einer Produktionsmenge von x Einheiten angibt, so wird die erste Ableitung $k'(x)$ als **Grenzstückkostenfunktion** bezeichnet. Sie gibt die näherungsweise Veränderung der Stückkosten an, wenn von einer Menge x ausgehend, die Produktion um eine Einheit verändert wird.

Erlös- und Gewinnfunktion

Die Funktion $E(x)$ gibt den Erlös für x am Markt abgesetzte Einheiten an, die erste Ableitung $E'(x)$ wird als **Grenzerlös** bezeichnet und gibt die Erlösänderung bei Änderung der Menge x um eine Einheit an.
Die Durchschnittsfunktion $p(x) = \frac{E(x)}{x}$ heißt **Stückpreis** und gibt den erzielten Preis pro Stück bei Absatz von x Einheiten an. Die erste Ableitung $p'(x)$ wird auch als **Grenzpreis** bezeichnet und gibt die Marktpreisänderung bei Änderung der Menge x um eine Einheit an.

Die **Gewinnfunktion** $G(x) = E(x) - K(x)$ gibt den Gewinn für x produzierte und verkaufte Einheiten an, die erste Ableitung wird als **Grenzgewinn** bezeichnet und gibt an, wie sich der Gewinn verändert, wenn sich die Produktionsmenge um eine Einheit verändert.
Die zugehörige Durchschnittsfunktion $g(x) = \frac{G(x)}{x}$ heißt **Stückgewinn** und gibt den durchschnittlich erzielten Gewinn für eine Einheit an. Die erste Ableitung $g'(x)$ heißt **Grenzstückgewinn** und beschreibt die Veränderung des Stückgewinns, wenn die Menge x um eine Einheit verändert wird.

Produktionsfunktion

Die **Produktionsfunktion** $x(r)$ gibt den Output in Abhängigkeit vom Produktionsfaktor r an, ihre erste Ableitung $x'(r)$ wird als **Grenzproduktivität** bezeichnet und beschreibt die Veränderung des Outputs bei Änderung der Einsatzmenge um eine Faktoreinheit.
Die Durchschnittsfunktion $\bar{x}(r) = \frac{x(r)}{r}$ heißt **durchschnittliche Produktivität** und beschreibt, wie viele Einheiten durchschnittlich je eingesetzter Faktoreinheit produziert werden.
Die erste Ableitung $\bar{x}'(r)$ wird als **Grenzdurchschnittsertrag** bezeichnet und gibt die Änderung der durchschnittlichen Produktivität bei Änderung der Einsatzmenge um eine Faktoreinheit an.

Die Umkehrfunktion der Produktionsfunktion $r(x)$, die **Faktorverbrauchsfunktion**, gibt den Faktorverbrauch bei Produktion von x Einheiten an, die erste Ableitung $r'(x)$ heißt **Grenzverbrauchsfunktion** und gibt die Veränderung des Faktorverbrauchs bei Änderung der Produktionsmenge um eine Einheit an.

Die Durchschnittsfunktion der Faktorverbrauchsfunktion, $\bar{r}(x) = \frac{r(x)}{x}$, heißt **Produktionskoeffizient** und beschreibt den Durchschnittsverbrauch des Einsatzfaktors je produzierter Mengeneinheit. Die zugehörige erste Ableitung $\bar{r}'(x)$ heißt **Grenzproduktionskoeffizient** und beschreibt die Änderung des Durchschnittsverbrauchs für x produzierte Einheiten, wenn die Menge x um eine Einheit verändert wird.

Konsum- und Sparfunktion

Die Konsumfunktion $C(Y)$ beschreibt, welcher Anteil des Einkommens Y für den Konsum verwendet wird. Die erste Ableitung $C'(Y)$ wird als **marginale Konsumquote** bzw. **Grenzhang zum Konsum** bezeichnet und beschreibt, wie sich der Konsum ändert, wenn das vorhandene Einkommen um eine Einheit verändert wird.

Aus der Konsumfunktion entsteht durch $S(Y) = Y - C(Y)$ die **Sparfunktion**. Sie beschreibt, welcher Teil des Einkommens Y zum Sparen verwendet wird. Die Ableitung $S'(Y)$ beschreibt daher die Veränderung der Sparsumme, wenn das Einkommen um eine Einheit verändert wird und wird als **marginale Sparquote** bezeichnet.
Da

$$Y = C(Y) + S(Y),$$

folgt, dass

$$1 = C'(Y) + S'(Y),$$

marginale Konsum- und Sparquote ergeben zusammen also immer 1.

Aufgaben

Aufgabe 3.1.1

Bestimmen Sie die erste Ableitung der Funktionen.

a) $f(x) = x^3 + 12x^2 - 4x + 5$

b) $f(x) = \sin x + 3x^2 - e^x$

c) $f(x) = x^5 - \sqrt{x} + \ln x$

d) $f(x) = 2^x - \cos x + 3x$

Aufgabe 3.1.2

Bestimmen Sie die erste Ableitung der Funktionen mit der Produktregel.

a) $f(x) = (x^2 - 1)(4x^3 - 2x + 8)$

b) $f(x) = x^2 \cdot \sin x$

c) $f(x) = x \cdot \ln x$

d) $f(x) = \sin x \cdot \cos x$

Aufgabe 3.1.3

Bestimmen Sie die erste Ableitung der Funktionen mit der Quotientenregel.

a) $f(x) = \frac{x^2 - 3x}{2x+1}$

b) $f(x) = \frac{\cos x}{2x^2 - 3}$

c) $f(x) = \frac{e^x}{x^2+5}$

d) $f(x) = \frac{\ln x}{x}$

Aufgabe 3.1.4

Bestimmen Sie die erste Ableitung der Funktionen mit der Kettenregel.

a) $f(x) = \sqrt{x^3 - 2x + 1}$

b) $f(x) = \sin(3x - 4)$

c) $f(x) = \ln(x^2 + 3)$

Aufgabe 3.1.5

Bestimmen Sie die ersten vier Ableitungen der Funktionen.

a) $f(x) = 3x^4 - 5x^3 + 12x^2 - x + 8$

b) $f(x) = x^2 + \ln x - e^x$

c) $f(x) = \cos x + x^3 - 2\sqrt{x}$

d) $f(x) = (2x^2 + 1)^3$

Aufgabe 3.1.6

Bestimmen Sie die erste Ableitung der Funktionen.

a) $f(x) = \frac{\sin(3x^2+1)}{2x+6}$

b) $f(x) = e^{x^2-3x}$

c) $f(x) = x^2 \cdot \ln(2x - 1)$

d) $f(x) = \sqrt{e^x \cdot (3x^2 - 4x)}$

Aufgabe 3.1.7

Gegeben sei eine Produktionsfunktion $x(r) = 0,8r^2 - 0,02r^3$.

a) Bestimmen und interpretieren Sie die erste Ableitung von $x(r)$ für eine Einsatzmenge von $r = 20$ Faktoreinheiten.

b) Bestimmen Sie den Grenzdurchschnittsertrag für $r = 20$ eingesetzte Faktoreinheiten.

Aufgabe 3.1.8

Gegeben sei eine Konsumfunktion $C(Y) = 40\sqrt{0,1Y + 100}$.

a) Bestimmen und interpretieren Sie die marginale Konsumquote für ein Einkommen von $Y = 2.000$ EUR.

b) Bestimmen und interpretieren Sie die marginale Sparquote für ein Einkommen von $Y = 2.000$ EUR.

c) Für welches Einkommen Y werden 60% des Einkommens für Konsum aufgewendet?

3.2 Anwendungen der Differentialrechnung

3.2.1 Das Differential

Betrachtet werde eine differenzierbare Funktion $f : D_f \longrightarrow W_f$. Die unabhängige Variable x werde um den Wert $\Delta x \in \mathbb{R}$ verändert. Dann ändert sich auch der Funktionswert zu $f(x + \Delta x)$. Um den Rechenaufwand zur Berechnung des neuen Funktionswertes zu reduzieren, soll die Änderung des Funktionswertes $\Delta f = f(x + \Delta x) - f(x)$ nicht exakt, sondern näherungsweise bestimmt werden.

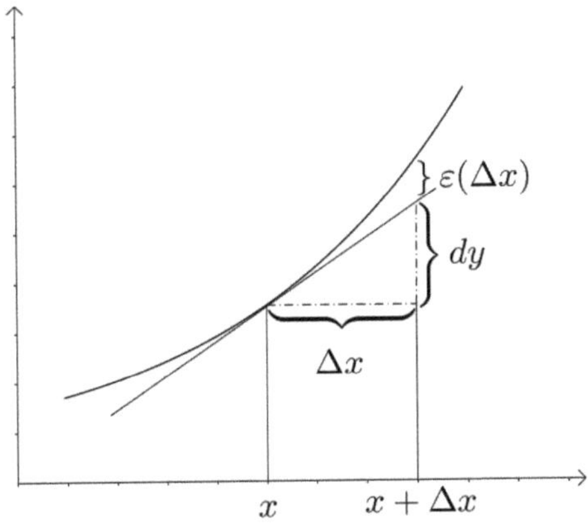

Zur näherungsweisen Bestimmung der Funktionswertänderung wird die Tangente an die Funktion in x verwendet. Die Steigung dieser Tangente ist gegeben durch $f'(x)$. Soll nun die Funktion im Intervall $[x, x + \Delta x]$ durch die Tangente angenähert werden, so beträgt die Änderung auf der Tangenten gerade $f'(x) \cdot \Delta x$ Einheiten. Der Wert $\varepsilon(\Delta x)$ entspricht dem Fehler, der bei der Approximation der Funktion durch die Tangente entsteht. Dieser Fehler nimmt mit größer werdendem Δx in den meisten Fällen zu, sodass eine näherungsweise Bestimmung der Funktionswertänderung nur für relativ kleine Änderungen Δx verwendet werden sollte, in diesen Fällen wird der Fehler auf Grund der Einsparung von Rechenaufwand in Kauf genommen.

Definition 3.2.1
Sei $f : D_f \longrightarrow W_f$ eine differenzierbare Funktion mit erster Ableitung $f'(x)$. Sei ferner Δx eine endliche Änderung der unabhängigen Variablen. Dann ist das **Differential** der Funktion f gegeben durch

$$df(x) = f'(x) \cdot \Delta x.$$

Beispiel 3.2.1

1. Zu einem Gut sei eine Kostenfunktion $K(x) = x^3 - 3x^2 + 3x + 100$ gegeben. Dann ist $K'(x) = 3x^2 - 6x + 3$. Es werden derzeit $x = 100$ Mengeneinheiten des Gutes produziert. Wird für die nächste Produktionsperiode eine Erhöhung der Produktionmenge um $\Delta x = 5$ Einheiten geplant, so gilt für die zusätzlich entstehenden Kosten

$$dK = K'(100) \cdot 5 = (30.000 - 600 + 3) \cdot 5 = 147.015 \text{ EUR}.$$

Für die fünf zusätzlichen Einheiten entstehen also ungefähr 147.015 EUR Mehrkosten.

2. Der Geschäftsführer eines mittelständischen Unternehmens nimmt an, dass im nächsten Jahr 1.000 Stück eines Gutes verkauft werden können. Er ist sich sicher, dass seine Schätzung zu $\pm 5\%$ zutreffen wird. Die Gewinnfunktion des Unternehmens laute

$$G(x) = -0,04x^2 + 700x - 800,$$

die Ableitung ist dann gegeben durch $G'(x) = -0,08x + 700$. Die maximale Abweichung bezogen auf die Stückzahl beträgt 5% von 1.000, also

$$\Delta x = \frac{5}{100} 1.000 = 50.$$

Damit gilt für $x = 1.000$

$$dG = G'(1.000)\Delta x = (-80 + 700)50 = 31.000 \text{ EUR}.$$

Der maximale Schätzfehler im Gewinn beträgt also 31.000 EUR. Dies mag zunächst groß erscheinen, in Bezug auf den Gewinn für 1.000 verkaufte Stück $G(1.000) = 659.200$ EUR relativiert sich das Ergebnis.

Das Differential schätzt absolute Änderungen des Funktionswertes. Sollen Produkte oder auch Unternehmen miteinander verglichen werden, so führt ein Vergleich absoluter Werte häufig nicht zum Ziel, da die Datenbasis unterschiedlich ist. Um eine bessere Vergleichbarkeit zu erzielen, sollten für diese Zwecke relative Änderungen der zu untersuchenden Größen betrachtet werden.

3.2.2 Die Wachstumsrate

Die erste Ableitung einer Funktion schätzt die absolute Funktionswertänderung, wenn die unabhängige Variable um eine Einheit verändert wird. Um diese absoluten Werte vergleichbar zu machen, ist eine relative Größe gesucht. Diese ist durch die **Wachstumsrate** definiert, welche die absolute Änderung in ein Verhältnis zum bisherigen Funktionswert setzt.

Definition 3.2.2
Gegeben sei eine differenzierbare Funktion $f : D_f \longrightarrow W_f$. Der Quotient

$$w_f(x) = \frac{f'(x)}{f(x)} [\cdot 100\%] \text{ für } f(x) \neq 0$$

heißt **Wachstumsrate** der Funktion $f(x)$.

Die Wachstumrate, angegeben in %, gibt also an, um wie viel Prozent sich der Funktionswert ändert, wenn die Variable x um eine Einheit verändert wird. Falls $w_f(x) < 0$, so wird w_f auch als **Schrumpfungsrate** bezeichnet.

Beispiel 3.2.2

1. Gegeben sei eine Funktion

$$f(x) = f_0 \cdot 1,03^x.$$

Dann ist $f'(x) = f_0 \cdot 1,03^x \cdot \ln(1,03)$ und daher

$$w_f(x) = \frac{f_0 \cdot 1,03^x \cdot \ln(1,03)}{f_0 \cdot 1,03^x} = \ln(1,03) = 0,0296.$$

Die Wachstumsrate beträgt also näherungsweise 2,96%. Alle Schätzungen, bei denen die erste Ableitung zur Anwendung kommt, stellen lediglich Näherungen an die tatsächlichen Größen dar.

2. Betrachtet werde die Temperaturentwicklung einer Tasse Tee. Die Zimmertemperatur betrage 20° C; der Tee sei nach 5 Minuten noch 40° C heiß. Die Temperatur nach t Minuten ist gegeben durch die Gleichung

$$T(t) = 20 + 60 \cdot e^{-\lambda t}.$$

Zunächst ist die Konstante λ zu berechnen. Es gilt

$$T(5) = 20 + 60 \cdot e^{-5\lambda} = 40.$$

Diese Gleichung ist aufzulösen:

$$20 = 60 \cdot e^{-5\lambda} \Leftrightarrow \frac{1}{3} = e^{-5\lambda} \Leftrightarrow \ln\left(\frac{1}{3}\right) = -5\lambda \Leftrightarrow \lambda = -\frac{\ln\left(\frac{1}{3}\right)}{5} = 0,2197.$$

Die Temperaturgleichung lautet also

$$T(t) = 20 + 60 \cdot e^{-0,2197t}.$$

Es ist

$$T'(t) = -0,2197 \cdot 60 \cdot e^{-0,2197t} = 13,1833 \cdot e^{-0,2197t}$$

und damit

$$w_T(t) = \frac{T'(t)}{T(t)} = \frac{13,1833 \cdot e^{-0,2197t}}{20 + 60 \cdot e^{-0,2197t}}.$$

Damit beträgt die Wachstumsrate nach beispielsweise fünf Minuten

$$w_T(5) = \frac{13,1833 \cdot e^{-0,2197 \cdot 5}}{20 + 60 \cdot e^{-0,2197 \cdot 5}} = -0,1049,$$

Die Schrumpfungsrate beträgt also 10,49%, der Tee kühlt in der sechsten Minute um näherungsweise 10,49% ab.

3. Das Wachstum in einer Bakterienkultur verhalte sich gemäß

$$B(t) = 100 \cdot e^{0,3 \cdot t},$$

zu Beginn sind also $B(0) = 100 \cdot e^0 = 100$ Bakterien vorhanden. Die Wachstumsrate ergibt sich zu

$$w_B(t) = \frac{B'(t)}{B(t)} \frac{100 \cdot 0,3 \cdot e^{0,3t}}{100 \cdot e^{0,3t}} = 0,3$$

und beträgt prozentual 30%, die Bakterienkultur wächst also je Zeiteinheit um 30%.

3.2.3 Die Elastizität

Um verschiedene Produkte zum Beispiel im Hinblick auf Preiserhöhungen miteinander vergleichen zu können, sollten diese Änderungen nicht absolut, sondern vielmehr relativ betrachtet werden. Dazu wird das Verhältnis

$$\delta_x = \frac{\Delta x}{x}$$

und

$$\delta_y = \frac{\Delta y}{y}$$

untersucht, wobei $\Delta y = f(x+\Delta x) - f(x)$ gilt. Die Werte δ_x und δ_y bezeichnen die relative Änderung von x sowie die durch sie verursachte relative Änderung von y, wenn die unabhängige Variable x um Δx verändert wird. Werden diese relativen Änderungen durcheinander geteilt, so gibt das Ergebnis die durchschnittliche relative Änderung der abhängigen Variablen $y = f(x)$ im Intervall $[x, x + \Delta x]$ an, wenn x um 1% erhöht wird.

Definition 3.2.3
Sei $f : D_f \longrightarrow W_f$ eine stetige Funktion. Dann heißt

$$\frac{\delta_y}{\delta_x} = \frac{\Delta y}{\Delta x}\frac{x}{y}$$

Bogenelastizität von $f(x)$.

Beispiel 3.2.3
Gegeben sei die Preis-Absatz-Funktion $p(x) = 400 - \frac{1}{2}x^2$ eines Gutes. Für $x = 20$ Stück beträgt der Preis $p(20) = 200$ EUR. Wird die Menge x nun um 2 Einheiten erhöht, so gilt $p(22) = 158$, also $\Delta p = -42$ und daher

$$\frac{\Delta x}{x} = \frac{2}{20} = 0,1 \text{ sowie } \frac{\Delta p}{p} = -\frac{42}{200} = -0,21.$$

Die Bogenelastizität beträgt somit

$$\frac{\Delta p}{\Delta x}\frac{x}{p} = \frac{-0,21}{0,1} = -2,1.$$

Der Preis des Gutes sinkt also für Mengen im Intervall $[20, 22]$ um durchschnittlich $2,1\%$, wenn die nachgefragte Menge x um 1% erhöht wird.

Für ökonomische Anwendungen, bei welchen die Änderungen der unabhängigen Variablen als infinitesimal angesehen werden können, wird zumeist der Grenzübergang $\Delta x \to 0$ betrachtet

$$\lim_{\Delta x \to 0} \frac{\Delta y}{\Delta x} \frac{x}{y} = \lim_{\Delta x \to 0} \frac{f(x + \Delta x) - f(x)}{\Delta x} \frac{x}{f(x)} = f'(x) \frac{x}{f(x)}.$$

Definition 3.2.4
Sei $f : D_f \longrightarrow W_f$ eine differenzierbare Funktion mit $x \neq 0 \neq f(x)$. Dann heißt

$$\epsilon_{yx} = f'(x) \frac{x}{f(x)}$$

(Punkt-)Elastizität von y in Bezug auf x . Man bezeichnet $\epsilon_{yx}(x)$ auch als **Elastizitätsfunktion** und für eine Stelle $x^* \in D_f$ den Wert $\epsilon_{yx}(x^*)$ als **Elastizität an der Stelle x^*.**

Bemerkung 3.2.1
Für Elastizitäten gelten die folgenden Aussagen.

- Ist $\epsilon_{yx} > 0$, so führt eine relative Erhöhung bzw. Reduktion der unabhängigen Variablen x zu einer relativen Erhöhung bzw. Reduktion der abhängigen Variablen y, die Veränderungen erfolgen also gleichgerichtet.

- Ist $\epsilon_{yx} < 0$, so führt eine relative Erhöhung bzw. Reduktion der unabhängigen Variablen x zu einer relativen Reduktion bzw. Erhöhung der abhängigen Variablen y, die Veränderungen erfolgen in gegensätzlicher Richtung.

Beispiel 3.2.4
Zu bestimmen ist die Elastizitätsfunktion von $f(x) = y = x^2 - 4x + 6$. Die erste Ableitung von $f(x)$ ist dann $f'(x) = 2x - 4$. Also ist die Elastizitätsfunktion gegeben durch

$$\epsilon_{yx}(x) = (2x - 4) \frac{x}{x^2 - 4x + 6} = \frac{2x^2 - 4x}{x^2 - 4x + 6}.$$

Die Elastizität an der Stelle $x = 1$ beträgt $\epsilon_{yx}(1) = \frac{2-4}{1-4+6} = \frac{-2}{3}$, der Funktionswert sinkt also um $\frac{2}{3}\%$, wenn x von 1 ausgehend um 1% erhöht wird. Für $x = 4$ beträgt die Elastizität dagegen $\epsilon_{yx}(4) = \frac{32-16}{16-16+6} = \frac{16}{6} = \frac{8}{3}$, der Funktionswert steigt also um $\frac{8}{3}\%$, wenn die unabhängige Variable x von 4 ausgehend um 1% erhöht wird. Der Wert der Elastizität kann also für verschiedene x-Werte variieren.

Bemerkung 3.2.2
Für den Wert der Elastizität von $y = f(x)$ gelten folgende Aussagen.

- Ist $\epsilon_{yx} = 0$, so wird die Funktion **vollkommen unelastisch** genannt. Wird hier die Variable x verändert, so ändert sich y nicht. Dies kommt beispielsweise bei Preis-Absatz-Funktionen für Luxusgüter vor, deren Nachfrage unabhängig von der Bepreisung ist.

- Ist $0 < |\epsilon_{yx}| < 1$, so wird die Funktion **unelastisch** genannt. Die Variable y ändert sich relativ weniger stark als die Variable x. Dies trifft für Preis-Absatz-Funktionen für lebensnotwendige, aber nicht oder nur schlecht substituierbare Güter zu. Steigt der Preis solcher Güter, werden sie dennoch benötigt und daher gekauft.

- Ist $\epsilon_{yx} = 1$ oder $\epsilon_{yx} = -1$, so wird die Funktion auch als **einheitselastisch** bezeichnet. Die Variablen ändern sich in gleichem Maße.

- Gilt $-\infty < \epsilon_{yx} < -1$ oder $1 < \epsilon_{yx} < \infty$, so heißt die Funktion **elastisch**. Die Variable y ändert sich relativ stärker als die Variable x. Dies trifft für gut substituierbare Güter zu, bei welchen im Falle einer Preiserhöhung der Wechsel zu einem Konkurrenzprodukt leicht fällt.

- Ist $\epsilon_{yx} = \infty$ oder $\epsilon_{yx} = -\infty$, so heißt die Funktion **vollkommen elastisch**. Die Änderung der Variablen y ist unendlich hoch, auch wenn die Variable x nur wenig verändert wird. Dies ist in der Wirtschaft üblicherweise nicht anzutreffen. Eine solche Elastizität liegt vor, wenn ein Gut mit festgelegtem Preis (beispielsweise ein Geldstück) günstiger abgegeben wird. Die Anzahl der Nachfrager wäre unendlich groß.

Beispiel 3.2.5

Gegeben sei die Nachfragefunktion $x(p) = 600 - 3p$. Es ist $x'(p) = -3$ und daher $\varepsilon_{xp} = -3\frac{p}{600-3p}$. Die Elastizität der Nachfragefunktion wird auch als **Nachfrageelastizität des Preises** bezeichnet.

Wird für den Preis $p = 50$ angenommen, so ist $\varepsilon_{xp}(50) = -3\frac{50}{450} = -\frac{1}{3}$. Die Nachfrage ist in Bezug auf den Preis also unelastisch.
Wird dagegen die Umkehrfunktion der obigen Nachfragefunktion gebildet $p(x) = 200 - \frac{1}{3}x$, so gilt $p'(x) = -\frac{1}{3}$ und $\varepsilon_{px} = -\frac{1}{3}\frac{x}{200-\frac{1}{3}x}$ und es gilt für die Menge $x = 450$, dass $\varepsilon_{px}(450) = -\frac{1}{3}\frac{450}{50} = -3$.
Der Preis reagiert also elastisch auf eine Mengenänderung ausgehend von $x = 450$ Einheiten. Sollen 1% mehr Einheiten nachgefragt werden, muss der Preis um 3% sinken.
Die Elastizität wird in diesem Fall auch als **Preiselastizität der Nachfrage** bezeichnet.

3.2.4 Die Regel von de l'Hôpital

Bei der Grenzwertbestimmung kann es bei einigen Funktionen bei der Anwendung der Grenzwertsätze zu mathematisch nicht definierten Ausdrücken kommen. Dies ist bei Funktionen der Fall, welche als Quotient zweier Funktionen definiert sind.
Besitzen Zähler und Nenner in einem Punkt x^* beide den Grenzwert 0 bzw. beide den Grenzwert $\pm\infty$, so ist der Quotient der Grenzwerte ein nicht definierter Ausdruck. Die **Regel von de l'Hôpital** bietet die Möglichkeit, mithilfe der Differentialrechnung den Grenzwert solcher Funktionen dennoch zu bestimmen.

Satz 3.2.1
Gegeben sei eine Funktion $f(x) = \frac{u(x)}{v(x)}$ mit den $n-$mal differenzierbaren Funktionen $u(x)$ und $v(x)$. Ferner gelte

$$\lim_{x \to x^*} u^{(k)}(x) = \lim_{x \to x^*} v^{(k)}(x) = 0 \text{ für } k = 0, \ldots, n-1$$

bzw.

$$\lim_{x \to x^*} u^{(k)}(x) = \lim_{x \to x^*} v^{(k)}(x) = \pm\infty \text{ für } k = 0, \ldots, n-1.$$

Existiert der Grenzwert $\lim\limits_{x \to x^*} \frac{u^{(n)}(x)}{v^{(n)}(x)}$, so konvergiert auch $f(x)$ und es gilt

$$\lim_{x \to x^*} f(x) = \lim_{x \to x^*} \frac{u^{(n)}(x)}{v^{(n)}(x)}.$$

Beispiel 3.2.6

1. Gegeben sei die Funktion $f(x) = \frac{x^2-3x}{2x-6}$. An der Stelle $x = 3$ besitzen Zähler $u(x) = x^2 - 3x$ und Nenner $v(x) = 2x - 6$ den Grenzwert 0. Die Regel von de l'Hôpital ist anwendbar und es gilt

$$u'(x) = 2x - 3 \text{ sowie } v'(x) = 2$$

und daher gilt für den Grenzwert von $f(x)$ an der Stelle $x = 3$

$$\lim_{x\to 3} f(x) = \lim_{x\to 3} \frac{2x-3}{2} = \frac{3}{2}.$$

2. Gegeben sei die Funktion $f(x) = \frac{1}{x} + \frac{1}{\sin x}$ An der Stelle $x = 0$ besitzt diese Funktion keinen Grenzwert, da die einseitigen Grenzwerte für den zweiten Term $\frac{1}{\sin x}$ den Grenzwert $\pm\infty$ besitzen. Die Funktion ist zunächst umzuformen, indem die Terme auf denselben Nenner gebracht werden:

$$f(x) = \frac{1}{x} \cdot \frac{\sin x}{\sin x} + \frac{1}{\sin x} \cdot \frac{x}{x} = \frac{\sin x - x}{x \sin x}.$$

Für diese Darstellung besitzen Zähler $u(x) = \sin x - x$ und Nenner $v(x) = x \sin x$ für $x \to 0$ den Grenzwert 0. Da

$$u'(x) = \cos x - 1 \text{ und } v'(x) = \sin x + x \cos x,$$

gilt folglich

$$\lim_{x\to 0} f(x) = \lim_{x\to 0} \frac{\cos x - 1}{\sin x + x \cos x}.$$

Auch für diesen Term besitzen Zähler $u(x) = \cos x - 1$ und Nenner $v(x) = \sin x + x \cos x$ den Grenzwert 0, weshalb die Regel von de l'Hôpital ein zweites Mal zum Einsatz kommt. Es ist

$$u'(x) = -\sin x \text{ und } v'(x) = \cos x + \cos x - x \sin x,$$

daher gilt

$$\lim_{x\to 0} f(x) = \lim_{x\to 0} \frac{-\sin x}{\cos x + \cos x - x \sin x} = \frac{0}{1+1-0} = 0.$$

3.2.5 Das Taylor-Polynom

Häufig ist die Untersuchung einer Funktion mit hohem Aufwand verbunden. Sollen beispielsweise Sensitivitätsanalysen durchgeführt werden, ist in den meisten Fällen mit zahlreichen Auswertungen der Funktion zu rechnen, um Einflüsse einzelner Parameter identifizieren zu können.
Um den Aufwand der Asuwertungen zu reduzieren, soll die Funktion durch eine einfachere Funktion approximiert werden. Der **Satz von Taylor** macht die Approximation einer Funktion durch ein Polynom möglich.

Satz 3.2.2
Gegeben sei eine Funktion $f : D_f \longrightarrow W_f$. Ist die Funktion im Intervall $I \subseteq D_f$ $(n+1)$-mal stetig differenzierbar und gilt $x^* \in I$, so gilt für

$$f(x) = f(x^*) + \frac{f'(x^*)}{1!}(x-x^*) + \cdots + \frac{f^{(n)}(x^*)}{n!}(x-x^*)^n + \frac{f^{(n+1)}(\xi}{(n+1)!}(x-x^*)^{n+1},$$

wobei $\xi \in [x^*, x]$, falls $x^* < x$ und $\xi \in [x, x^*]$, falls $x \leq x^*$.
Dabei heißt die Funktion

$$\hat{f}(x) = f(x^*) + \frac{f'(x^*)}{1!}(x - x^*) + \frac{f''(x^*)}{2!}(x - x^*)^2 + \cdots + \frac{f^{(n)}(x^*)}{n!}(x - x^*)^n$$

Taylor-Polynom vom Grad n und

$$R_n(x, x^*) = \frac{f^{(n+1)}(\xi)}{(n+1)!}(x - x^*)^{n+1}$$

Restglied der Taylor-Approximation.

Für wachsendes n besitzt das Restglied $R_n(x, x^*)$ den Grenzwert 0. Daraus folgt, dass die Approximation einer Funktion durch das Taylor-Polynom umso genauer ist, je größer der Grad des Taylor-Polynoms gewählt wird. Ein hoher Grad des Taylor-Polynoms erhöht dabei aber den Aufwand zur Bestimmung des Taylor-Polynoms stark, da alle Ableitungen bis zur gewünschten Ordnung bestimmt werden müssen.

Es ist daher stets abzuschätzen, ob durch den gewählten Grad des Taylor-Polynoms tatsächlich eine Reduktion des Gesamtaufwandes erreichbar bleibt. Die Annäherung einer Funktion durch das Taylor-Polynom ist nur in einer Umgebung des **Entwicklungspunktes** x^* nutzbar, je größer der Abstand zum Entwicklungspunkt ist, umso größer wird auch die Differenz zwischen dem Wert des Taylor-Polynoms $\hat{f}(x)$ und dem Funktionswert $f(x)$.

Beispiel 3.2.7

1. Gesucht sei das Taylor-Polynom 2. Grades für die Funktion

$$f(x) = x \cdot \sin(x) + x$$

für den Entwicklungspunkt $x^* = 0$. Es sind

$$\begin{aligned} f(x) &= x \cdot \sin(x) + x & f(0) &= 0 \\ f'(x) &= \sin(x) + x \cdot \cos(x) + 1 & f'(0) &= 1 \\ f''(x) &= \cos(x) + \cos(x) - x \cdot \sin(x) & f''(0) &= 2 \end{aligned}$$

Einsetzen führt auf

$$f(x) \approx 0 + \frac{1}{1}(x-0) + \frac{2}{2}(x-0)^2 = x + x^2.$$

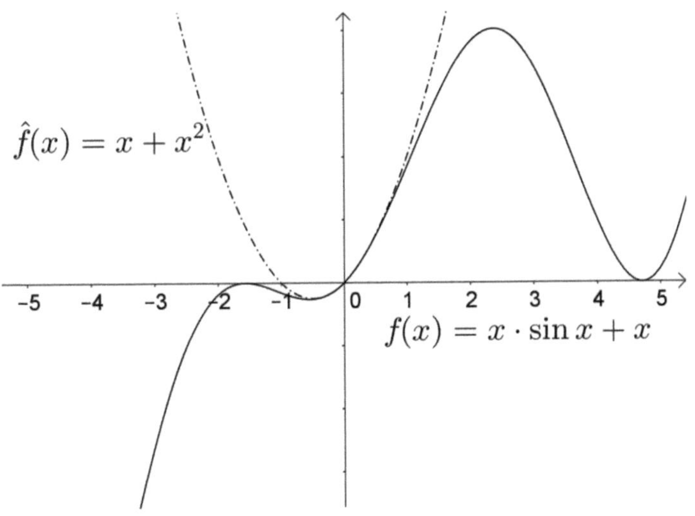

2. Für die Funktion $f(x) = x \cdot \ln(x)$ sei das Taylor-Polynom zweiten Grades für den Entwicklungspunkt $x^* = 2$ gesucht.Es sind

$$\begin{array}{ll} f(x) = x \cdot \ln(x) & f(2) = 1,3863 \\ f'(x) = \ln(x) + 1 & f'(2) = 1,6931 \\ f''(x) = \frac{1}{x} & f''(2) = \frac{1}{2} \end{array}$$

Einsetzen führt auf

$$f(x) \approx 1,3863 + \frac{1,6931}{1}(x-2) + \frac{\frac{1}{2}}{2}(x-2)^2 = -1 + \ln(2)x + \frac{1}{4}x^2.$$

3.2.6 Das Newton-Verfahren

Nicht immer ist es möglich, die Nullstellen einer Funktion analytisch zu bestimmen. Mithilfe des **Newton-Verfahrens** ist es möglich, die Nullstellen einer Funktion bis auf eine vorgegebene Genauigkeit zu bestimmen. Die Grafik veranschaulicht das Vorgehen.

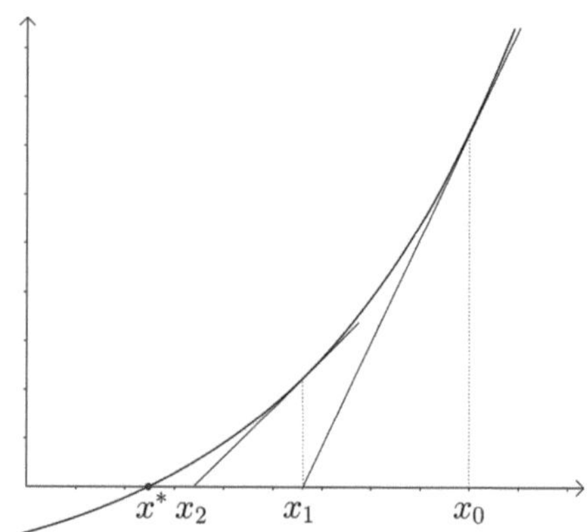

Es wird zunächst ein Startwert x^* in der Nähe der Nullstelle gewählt. Um die Nähe zur Nullstelle sicherzustellen, kann ein Intervall bestimmt werden, in welchem ein Vorzeichenwechsel der Funktion vorliegt. In diesem Startwert x^* wird die Tangente an die Funktion bestimmt. Deren Schnittpunkt mit der x-Achse ist die neue Näherung x_1 an die Nullstelle x^*. Dieser Schritt wird solange ausgeführt, bis der Funktionswert $f(x_n)$ hinreichend nahe bei Null liegt. Die Konvergenz des Verfahrens kann vor Durchführung der Iteration mithilfe einer Konvergenzbedingung abgesichert werden.

Satz 3.2.3

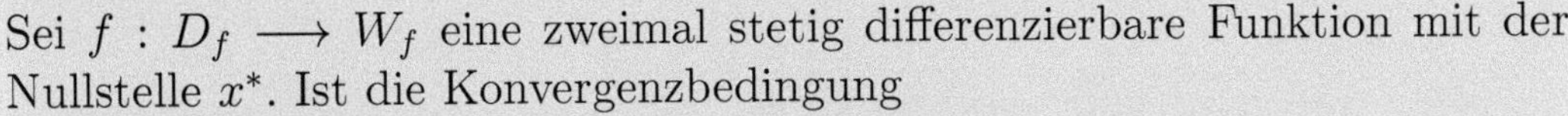

Sei $f : D_f \longrightarrow W_f$ eine zweimal stetig differenzierbare Funktion mit der Nullstelle x^*. Ist die Konvergenzbedingung

$$\frac{|f(x_0) \cdot f''(x_0)|}{(f'(x_0))^2} < 1$$

für den Startwert x_0 erfüllt, so konvergiert die Folge (x_n), welche sich aus der Iterationsvorschrift

$$x_{n+1} = x_n - \frac{f(x_n)}{f'(x_n)}$$

ergibt, gegen die Nullstelle x^*.

Bemerkung 3.2.3

Die Durchführung der Iteration für das Newton-Verfahren mit der vorgegebenen Genauigkeit $\varepsilon > 0$ entspricht dem folgenden Algorithmus:

1. Erstelle eine Skizze oder Wertetabelle und wähle einen Startwert x_0.
2. Prüfe den Startwert auf Konvergenz: $\frac{|f(x_0) \cdot f''(x_0)|}{(f'(x_0))^2} =< 1$.
3. Führe die Iteration durch: $x_{n+1} = x_n - \frac{f(x_n)}{f'(x_n)}$.
4. Prüfe die aktuelle Näherung auf Genauigkeit: Ist $|x_{n+1} - x_n| < \varepsilon$, beende das Verfahren und verwende die aktuelle Iteration als Näherung an die gesuchte Nullstelle, sonst gehe zu Schritt 3.

Beispiel 3.2.8
Gesucht ist eine Nullstelle der Funktion

$$f(x) = -3x^2 + 2x + 7.$$

Die pq-Formel liefert die Nullstellen $x_1^* = -1,2301$ und $x_2^* = 1,8968$. Hier soll die Nullstelle x_2^* mithilfe des Newton-Verfahrens mit der Genauigkeit $\varepsilon = 10^{-5} = 0,00001$ bestimmt werden.

1. Im ersten Schritt wird eine Wertetabelle erstellt, um festzustellen, wo die Funktion einen Vorzeichenwechsel besitzt.

x	1	2	3
y	7	-1	-14

,

   eine Nullstelle befindet sich also im Intervall [1; 2]. Als Startwert wird $x_0 = 2$ gewählt.

2. Nun ist die Konvergenz des Verfahrens zu prüfen. Es sind

$$f'(x) = -6x + 2 \text{ und } f''(x) = -6.$$

   Somit ist

$$\frac{|f(x_0) \cdot f''(x_0)|}{(f'(x_0))^2} = \frac{-1 \cdot (-6)}{(-10)^2} = 0,06 < 1.$$

   Das Verfahren konvergiert also für den Startwert $x_0 = 2$.

3. Nachdem die Konvergenz gesichert ist, wird die Iteration durchgeführt.

   - $x_1 = x_0 - \frac{f(x_0)}{f'(x_0)} = 2 - \frac{-1}{-10} = 1,9$
     Die Genauigkeit beträgt $|x_1 - x_0| = 0,1 > \varepsilon$.
   - $x_2 = x_1 - \frac{f(x_1)}{f'(x_1)} = 1,9 - \frac{-0,03}{-9,4} = 1,8968085$
     Die Genauigkeit beträgt $|x_2 - x_1| = 0,0032 > \varepsilon$.
   - $x_3 = x_2 - \frac{f(x_2)}{f'(x_2)} = 1,8968085 - \frac{-0,000030578}{-9,380851} = 1,89680524$
     Die Genauigkeit beträgt $|x_3 - x_2| = 0,00000326 < \varepsilon$.

Die gesuchte Nullstelle ist also $x^* = x_3 = 1,8968$, es ist $f(x_3) = 1,25 * 10^{-7}$.

Aufgaben

Aufgabe 3.2.1

Gegeben sei eine Produktionsfunktion $x(r) = 1,2r^2 - 0,01r^3$. Wie viele Einheiten werden näherungsweise zusätzlich produziert, wenn die Einsatzmenge von $r = 20$ ausgehend um 5 Einheiten erhöht wird?

Aufgabe 3.2.2

Die Temperatur in einem Heißgetränk verhalte sich nach $f(t) = 20+40 \cdot 0,9^t$, wobei t in 10-Sekunden-Einheiten gegeben sei.

a) Wie warm ist das Getränk zu Beginn?

b) Bestimmen Sie die Wachstumsrate nach 10 Sekunden.

c) Wie lange dauert es, bis das Getränk auf 40°C abgekühlt ist?

Aufgabe 3.2.3

Seien die Preis-Absatz-Funktionen $p_N(x) = 240 - \frac{1}{2}x$ und $p_A(x) = 100 + 2x$ gegeben.

a) Wie groß ist die Nachfrageelastizität des Preises für $x = 200$ Einheiten?

b) Wie groß ist die Angebotselastizität des Preises im Marktgleichgewicht?

c) Bestimmen Sie die Preiselastizität der Nachfrage für $p = 200$.

d) Für welchen Preis ergibt eine 2%-ige Preissenkung eine 8%-ige Nachfragesteigerung?

Aufgabe 3.2.4

Bestimmen Sie die Grenzwerte

a) $\lim\limits_{x \to 1} \frac{x^2+x-2}{x^2-1}$

b) $\lim\limits_{x \to 4} \frac{x^2-16}{\sin(2x-8)}$

Aufgabe 3.2.5

Bestimmen Sie für die Funktion $f(x) = x \cdot e^x$ das Taylorpolynom 2. Grades für den Entwicklungspunkt $x^* = 1$.

Aufgabe 3.2.6

Bestimmen Sie die Nullstelle der Funktion $f(x) = e^x - x - 2$ im Intervall $[1,0; 1,2]$ mithilfe des Newtonverfahrens für $\varepsilon = 10^{-5}$.

3.3 Kurvendiskussion mithilfe der Differentialrechnung

Zunächst soll die klassische Kurvendiskussion kurz wiederholt werden, bevor der Fokus auf die Untersuchung ökonomischer Funktionen gerichtet wird.

Mathematische Anwendungen der Differentialrechnung

Monotonie

Eine Funktion ist monoton in einem Intervall I, wenn ihre Funktionswerte in diesem Intervall stets zu- oder abnehmen. Bei steigenden Funktionswerten heißt die Funktion monoton wachsend, bei fallenden Funktionswerten heißt sie monoton fallend. Nehmen aber die Funktionswerte stets zu, so muss die erste Ableitung der Funktion größer oder gleich Null sein, da sie die Steigung der Funktion angibt. Die Umkehrung gilt für abnehmende Funktionswerte. Es ist daher möglich, eine Funktion mithilfe ihrer ersten Ableitung auf Monotonie zu untersuchen.

Satz 3.3.1
Gegeben sei eine differenzierbare Funktion $f : D_f \longrightarrow W_f$ und ein Intervall $I \subset D_f$. Falls

1. $f'(x) \geq 0$ für alle $x \in I$, so ist die Funktion auf I monoton steigend.
2. $f'(x) \leq 0$ für alle $x \in I$, so ist die Funktion auf I monoton fallend.

Gilt $f'(x) = 0$ nur für höchstens abzählbar viele $x \in I$, so ist die Funktion **streng monoton**.

Beispiel 3.3.1

1. Gegeben sei die Funktion $f(x) = x^3$. Dann ist $f'(x) = 3x^2$ und es gilt $3x^2 \geq 0$ für alle $x \in D_f = \mathbb{R}$. Die Funktion f ist streng monoton wachsend, da $f'(x) = 0$ nur für $x = 0$ gilt.

2. Gegeben sei die Funktion $f(x) = x \cdot e^x$. Dann ist
$$f'(x) = 1 \cdot e^x + x \cdot e^x = e^x(1+x).$$
Da $e^x > 0$ für alle $x \in \mathbb{R}$, ist $f'(x) < 0$, falls $x < -1$ und $f'(x) > 0$, falls $x > -1$. Die Funktion $f(x)$ ist also
   - streng monoton wachsend für $x > -1$,
   - streng monoton fallend für $x < -1$.

3. Gegeben sei die Funktion $f(x) = \frac{1}{3}x^3 - 2x^2 + 3x - 4$. Es ist
$$f'(x) = x^2 - 4x + 3.$$
Die erste Ableitung ist eine nach oben geöffnete Parabel, da der Koeffizient vor der führenden Potenz positiv ist. Die erste Ableitung ist also positiv links von ihrer kleineren und rechts von ihrer größeren Nullstelle. Sie ist negativ für alle Werte zwischen den beiden Nullstellen. Es ist $f'(x) = 0$ für $x = 1$ und $x = 3$. Die Funktion $f(x)$ ist also
   - streng monoton wachsend für $x \in (-\infty, 1] \cup [3, \infty)$,
   - streng monoton fallend für $x \in (1, 3)$.

Krümmungsverhalten

Das Krümmungsverhalten spielt nicht nur bei der Bestimmung von Extremwerten, sondern auch bei der Untersuchung des Wachstumsverhaltens von Funktionen eine große Rolle. Mithilfe der zweiten Ableitung kann für eine Funktion untersucht werden, ob sie an einer Stelle bzw. in einem Intervall konvex oder konkav ist.

Satz 3.3.2

Gegeben sei eine zweimal stetig differenzierbare Funktion $f : D_f \longrightarrow W_f$. Dann ist f in $x^* \in D_f$

- konvex, wenn $f''(x^*) > 0$,
- konkav, wenn $f''(x^*) < 0$.

Für ein Intervall $I \subset D_f$ heißt $f(x)$ konvex bzw. konkav auf I, falls $f''(x) > 0$ bzw. $f''(x) < 0$ für alle $x \in I$.

Beispiel 3.3.2

1. Gegeben sei die Funktion $f(x) = x^3 - 4x^2 + 2x - 10$.
   Es sind $f'(x) = 3x^2 - 8x + 2$ und $f''(x) = 6x - 8$. Dann ist $f''(x) > 0$ für $x > \frac{4}{3}$ und $f''(x) < 0$ für $x < \frac{4}{3}$. Daher ist $f(x)$

   - konvex für $x > \frac{4}{3}$,
   - konkav für $x < \frac{4}{3}$.

2. Gegeben sei die Funktion $f(x) = x^2 \cdot e^x$. Mithilfe der Produktregel ergeben sich

   - $f'(x) = 2xe^x + x^2e^x = e^x(2x + x^2)$
   - $f''(x) = (2 + 2x)e^x + (2x + x^2)e^x = e^x(x^2 + 4x + 2)$.

   Es ist, da $e^x > 0$ für alle $x \in D_f = \mathbb{R}$, $f''(x) > 0$, wenn $x^2 + 4x + 2 > 0$ und $f''(x) < 0$, falls $x^2 + 4x + 2 < 0$. Da $f''(x)$ eine nach oben geöffnete Parabel mit den Nullstellen $x_1 = -2 + \sqrt{2}$ und $x_2 = -2 - \sqrt{2}$ ist, ist die Funktion $f(x)$

   - konvex für $x < -2 - \sqrt{2}$ und für $x > -2 + \sqrt{2}$,
   - konkav für $-2 - \sqrt{2} < x < -2 + \sqrt{2}$.

Extremwerte

Die erste Ableitung gibt die Steigung der Funktion an der Stelle x an. In einem Extrempunkt liegen links und rechts von dem Extremwert entgegengesetzte Steigungen vor. Bei einem Maximum steigt die Funktion zunächst an und fällt nach dem Maximum wieder ab, im Falle eines Minimums verhält sich die Steigung umgekehrt. Im Extrempunkt selbst beträgt die Steigung Null, eine weitere Zunahme im Falle eines Maximum bzw. Abnahme im Falle eines Minimums ist nicht möglich. Diese Bedingung ist also **notwendig** für die Existenz eines Extremwertes.

Satz 3.3.3

Gegeben sei eine differenzierbare Funktion $f : D_f \longrightarrow W_f$. Notwendig für die Existenz eines Extremwertes in $x^* \in D_f$ ist

$$f'(x^*) = 0.$$

Mit der Erfüllung der notwendigen Bedingung ist jedoch die Existenz eines Extremwertes nicht abgesichert. So verschwindet für die Funktion $f(x) = x^3$ die erste Ableitung $f'(x) = 3x^2$ zwar für $x^* = 0$, jedoch gilt auch für die zweite Ableitung $f''(x) = 6x$, dass $f''(0) = 0$. Diese Funktion besitzt an der Stelle $x = 0$ einen **Sattelpunkt**. Wie bereits zuvor betrachtet, besitzt die Funktion $f(x) = 0,2x^4 - x^2$ ein Maximum in $x = 0$ sowie Minima in $x = \pm 1,5811$.

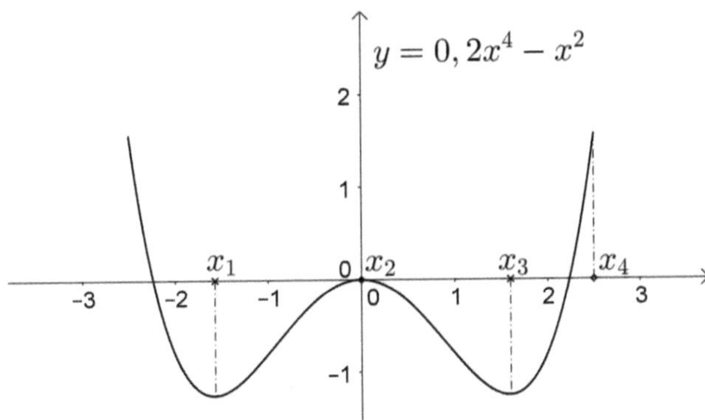

Aus der Grafik wird deutlich, dass die Funktion in einer Umgebung eines Minimums konvex und in der Umgebung eines Maximums konkav ist. Somit kann die **hinreichende Bedingung** formuliert werden.

Satz 3.3.4
Gegeben sei eine in $x = x^*$ zweimal differenzierbare Funktion $f : D_f \longrightarrow W_f$. Für die Existenz eines Extremwertes an der Stelle $x = x^*$ sind die folgenden Bedingungen hinreichend

1. $f'(x^*) = 0$ **und**
2. $f''(x^*) \neq 0$. Dann gilt:
   (a) für $f''(x^*) > 0$ besitzt $f(x)$ in x^* ein Minimum.
   (b) für $f''(x^*) < 0$ besitzt $f(x)$ in x^* ein Maximum.

Für die meisten Funktionen genügt es, nach diesem Schema vorzugehen, um die Extremwerte zu bestimmen. Es gibt jedoch auch Beispiele, in denen $f''(x^*) = 0$ gilt.

In diesem Fall müssen weitere Untersuchungen in der Form angestellt werden, dass die höheren Ableitungen der Funktion bestimmt werden, um herauszufinden, ob an der Stelle x^* ein Extrem- oder ein Sattelpunkt vorliegt.

Allgemein ist für eine $n-$mal differenzierbare Funktion $f : D_f \longrightarrow W_f$ das folgende Vorgehen zur Bestimmung von Extremwerten zielführend.[1]

1. Bestimme die erste Ableitung $f'(x)$.
2. Löse die Gleichung $f'(x) = 0$.
   - Besitzt diese Gleichung keine Lösung, so existieren keine Extremwerte im Inneren des Definitionsbereichs von $f(x)$.
   - Anderenfalls existieren die Lösungen x_i, $i = 1, \ldots, k$.
3. Bestimme die zweite Ableitung $f''(x)$.
4. Setze die Werte x_i, $i = 1, \ldots, k$ aus Schritt 2 in $f''(x)$ ein
   - Gilt $f''(x_i) > 0$, so besitzt $f(x)$ in x_i ein Minimum.
   - Gilt $f''(x_i) < 0$, so besitzt $f(x)$ in x_i ein Maximum.
   - Gilt $f''(x_i) = 0$, so muss $f(x)$ weiter untersucht werden.
5. Falls $f''(x_i) = 0$, so bestimme die weiteren Ableitungen von $f(x)$, bis für ein $m \in \mathbb{N}$ gilt $f^{(m)}(x_i) \neq 0$.
   - Gilt $f^{(m)}(x_i) > 0$ und ist m gerade, so besitzt $f(x)$ in x_i ein Minimum.
   - Gilt $f^{(m)}(x_i) < 0$ und ist m gerade, so besitzt $f(x)$ in x_i ein Maximum.
   - Ist m ungerade, so besitzt $f(x)$ keinen Extremwert in x_i, sondern einen Sattelpunkt.

Abschließend ist die Funktion auf Randextremwerte zu untersuchen. Dazu werden gegebenenfalls die Grenzen des Definitionsbereiches in die Funktion eingesetzt und mit den durch obiges Schema berechneten Extremwerten verglichen.

[1] Vgl. Schwarze, J., Mathematik für Wirtschaftswissenschaftler, Bd. 2 Differential- und Integralrechnung, 12. Auflage, 2005, nwb, Herne/Berlin.

Beispiel 3.3.3

1. Gegeben sei die Funktion $f(x) = -3x^2 + 2x + 5$. Es ist

   - $f'(x) = -6x + 2 = 0$, wenn $x = \frac{1}{3}$.
   - $f''(x) = -6 < 0$.

   Es liegt somit an der Stelle $x = 3$ ein Maximum der Funktion vor.

2. Gegeben sei die Funktion $f(x) = x \cdot e^x$. Es gilt

   - $f'(x) = e^x + x \cdot e^x = e^x(1 + x) = 0$, wenn $x = -1$.
   - $f''(x) = e^x(1 + x) + e^x = e^x(2 + x)$, also $f''(-1) = e > 0$.

   Die Funktion besitzt an der Stelle $x = -1$ ein Minimum.

3. Gegeben sei die Funktion $f(x) = x^4 - 2x^3 + 4$. Dann ist

   - $f'(x) = 4x^3 - 6x^2 = 2x^2(2x - 3) = 0$, falls $x_1 = 0$ oder $x_2 = \frac{3}{2}$.
   - $f''(x) = 12x^2 - 12x = 12x(x - 1)$, also
     - $f''(\frac{3}{2}) = 9 > 0$. An der Stelle $x = \frac{3}{2}$ liegt ein Minimum vor.
     - $f''(0) = 0$, es sind die weiteren Ableitungen zu bestimmen. Es gilt $f'''(x) = 24x - 12$, also $f'''(0) = -12 \neq 0$. Die dritte Ableitung ist die erste, welche für $x = 0$ nicht verschwindet, somit liegt in $x = 0$ ein Sattelpunkt vor.

4. Gegeben sei die Funktion $f(x) = x^6 - x^4 + 5$. Dann ist

   - $f'(x) = 6x^5 - 4x^3 = x^3(6x^2 - 4) = 0$, falls $x_1 = 0$ oder $x_{2,3} = \pm\sqrt{\frac{2}{3}}$.
   - $f''(x) = 30x^4 - 12x^2$, also
     - $f''(\pm\sqrt{\frac{2}{3}}) = \frac{16}{3} > 0$. An den Stellen $x = \pm\sqrt{\frac{2}{3}}$ liegen Minima vor.
     - $f''(0) = 0$, es sind die weiteren Ableitungen zu bestimmen.
       Es gilt $f'''(x) = 120x^3 - 24x$, also $f'''(0) = 0$.
       Es gilt $f^{(4)}(x) = 360x^2 - 24$, also $f^{(4)}(0) = -24 < 0$. Die vierte Ableitung ist die erste, welche für $x = 0$ nicht verschwindet, somit liegt in $x = 0$ ein Maximum vor.

Wendestellen

Besonderes Augenmerk wird oft auf die Stellen gelegt, an welchen die Krümmung einer Funktion wechselt, da für ökonomische Funktionen hier häufig kritische Werte erreicht werden. Die Bestimmung von Wendestellen erfolgt nach folgendem Satz.

Satz 3.3.5
Sei $f : D_f \longrightarrow W_f$ eine mindestens dreimal differenzierbare Funktion. Gelten

- $f''(x^*) = 0$ **und**
- $f'''(x^*) \neq 0$,

so besitzt $f(x)$ in x^* eine **Wendestelle**. Gilt ferner $f'(x^*) = 0$, so besitzt $f(x)$ in x^* einen **Sattelpunkt**.

Gilt für die dritte Ableitung $f'''(x^*) > 0$, so liegt links von der Wendestelle Konkavität und rechts von der Wendestelle Konvexität vor. Gilt dagegen für die dritte Ableitung $f'''(x^*) < 0$, so liegt links von der Wendestelle Konvexität und rechts von der Wendestelle Konkavität vor.
Für den Fall dass die dritte Ableitung verschwindet ($f'''(x^*) = 0$), sind wie bei der Extremwertuntersuchung die höheren Ableitungen an der Stelle $x = x^*$ zu bestimmen.
Besitzt die Ableitung $f^{(m)}(x)$, welche an der Stelle $x = x^*$ verschwindet, eine ungerade Ordnung, so liegt ein Sattelpunkt vor, anderenfalls ein Extrempunkt.

Beispiel 3.3.4

1. Gegeben sei die Funktion $f(x) = x^3 + 12x^2 - 1$. Es sind

   - $f'(x) = 3x^2 + 24x$
   - $f''(x) = 6x + 24 = 0$ für $x = -4$,
   - $f'''(x) = 6 \neq 0$,

   es liegt also eine Wendestelle an der Stelle $x = -4$ vor.

2. Gegeben sei die Funktion $f(x) = x^7 - 21x^5 + 15$. Es sind

   - $f'(x) = 7x^6 - 105x^4$
   - $f''(x) = 42x^5 - 420x^3 = 0$ für $x_1 = 0$ oder $x_{2,3} = \pm\sqrt{10}$,
   - $f'''(x) = 210x^4 - 1.260x^2$
     - $f'''(\pm\sqrt{10}) = 8.400 \neq 0$, für $x = \pm\sqrt{10}$ liegen Wendestellen vor.
     - $f'''(0) = 0$ also müssen die weiteren Ableitungen gebildet werden.
       * $f^{(4)}(x) = 840x^3 - 2.520x$, also $f^{(4)}(0) = 0$
       * $f^{(5)}(x) = 2.520x^2 - 2.520$, also $f^{(5)}(0) = -2.520 < 0$, an der Stelle $x = 0$ liegt also eine Wendestelle vor.

   es liegt also eine Wendestelle an der Stelle $x = -4$ vor.

Kurvendiskussion

Bei einer vollständigen Kurvendiskussion wird die Funktion auf bestimmte Eigenschaften untersucht. Dazu gehören:

- Die Bestimmung des Definitions- und Wertebereiches.
- Das Verhalten der Funktion für $x \to \infty$ bzw. $x \to -\infty$.
- Stetigkeit, stetige Ergänzbarkeit
- Symmetrie
- Monotonie
- Krümmungsverhalten
- Nullstellen
- Extremwerte
- Wendestellen
- Zeichnen des Graphen

Dabei werden Eigenschaften wie Monotonie und Krümmungsverhalten nur dann einzeln untersucht, wenn keine Extremwerte oder Wendestellen feststellbar sind, anderenfalls ergeben sich diese Eigenschaften aus den charakteristischen Punkten.

Beispiel 3.3.5
Für die Funktion

$$f(x) = e^x + e^{-x}$$

sei eine Kurvendiskussion durchzuführen.

1. Es sind $D_f = \mathbb{R}$ und $W_f = \mathbb{R}^+$, da $e^x > 0$ für alle $x \in \mathbb{R}$.

2. Es gilt $\lim\limits_{x\to\infty} e^x + e^{-x} = \infty$ und $\lim\limits_{x\to-\infty} e^x + e^{-x} = \infty$

3. Die Funktion ist stetig, es liegen keine kritischen Stellen vor.

4. Es ist weiter $f(-x) = e^{-x} + e^x = f(x)$, die Funktion ist also achsensymmetrisch.

5. Da $e^x > 0$ für alle $x \in \mathbb{R}$, besitzt die Funktion keine Nullstellen.

6. Es sind $f'(x) = e^x - e^{-x}$ und $f''(x) = e^x + e^{-x}$. Daher gilt $f'(x) = 0$ nur für $x = 0$. Für $x = 0$ gilt aber $f''(0) = 2$, somit liegt an der Stelle $x = 0$ ein Minimum vor, für welches $f(0) = 2$ gilt. Der Wertebereich kann daher weiter eingeschränkt werden auf $W_f = [2, \infty)$.

7. Da $f''(x) \neq 0$ für alle $x \in \mathbb{R}$, liegen keine Wendestellen vor.

8. Der Graph der Funktion lässt sich nun zeichnen.

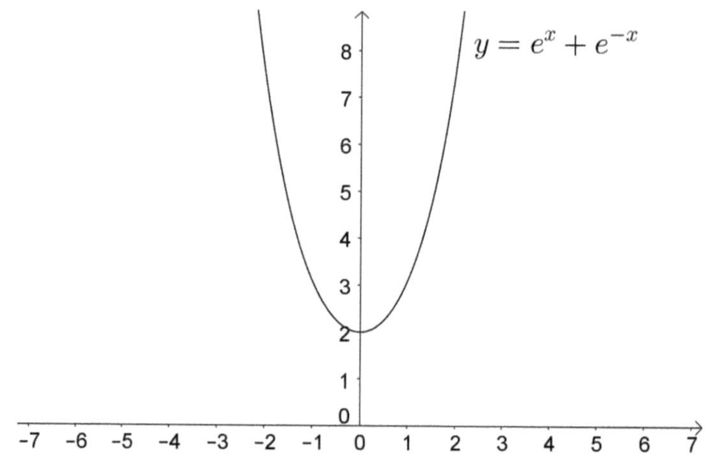

Ökonomische Anwendungen der Differentialrechnung

Bei der Untersuchung ökonomischer Funktionen sind zumeist je nach Fragestellung nur einzelne Elemente einer Kurvendiskussion durchzuführen. Im Folgenden werden ausgewählte Beispiele vorgestellt.

Definitionsbereich

Der Definitionsbereich aller ökonomischen Funktionen ist auf die positiven reellen Zahlen $\mathbb{R}^+$ beschränkt. Liegen Kapazitätsbeschränkungen vor, so ist der Definitionsbereich zusätzlich nach oben beschränkt.

Beispiel 3.3.6

Gegeben sei die Nachfragefunktion $x_N(p) = 250 - 2p$. Der Definitionsbereich ist nach unten durch 0 beschränkt. Da jedoch nur positive Werte für die nachgefragte Menge x in Frage kommen, muss gelten $250 - 2p > 0$. Hieraus ergibt sich der Definitionsbereich $D_{x_N} = (0, 125)$.

Extremwerte

Die Bestimmung von Extremwerten ist die wohl häufigste Aufgabe im Rahmen der Kurvendiskussion ökonomischer Funktionen.
Dabei wird für Gewinnfunktionen oder Erlösfunktionen die Menge x gesucht, für welche die jeweilige ökonomische Größe Gewinn bzw. Erlös maximal wird, die Untersuchung entspricht also der Bestimmung eines Maximums.
Für Produktionsfunktionen ist die Einsatzmenge r des Einsatzfaktors zu bestimmen, für welche sich der größte Ertrag x ergibt.
Bei Preis-Absatz-Funktionen ist dagegen der Preis p gesucht, für welchen die Absatzmenge x maximal wird.
Die Bestimmung eines Minimums spielt vor allem für Kostenfunktionen eine große Rolle; das Ziel ist es dabei, die Stückkosten zu minimieren und so das **Betriebsoptimum** zu bestimmen. Dieses gibt die **langfristige Preisuntergrenze** wieder, für diesen Preis werden die Kosten gedeckt, jedoch noch kein Gewinn erzielt.
Die **kurzfristige Preisuntergrenze** ist dagegen das Minimum der variablen Kosten, wird dieses als Preis gewählt, so werden die variablen Kosten gedeckt, es liegt auf Grund der Fixkosten aber noch ein Verlust vor.

Beispiel 3.3.7

Gegeben sei die Preis-Absatz-Funktion $x(p) = 500 - 2p$ sowie die Kostenfunktion $K(x) = x^3 - 10x^2 + 34x + 350$.

Zur Bestimmung des maximalen Gewinns ist zunächst die Erlösfunktion $E(x) = p \cdot x$ in Abhängigkeit von x zu bestimmen, da die Kostenfunktion ebenfalls von x abhängig ist.

Dazu wird die Umkehrfunktion der Preis-Absatz-Funktion gebildet, es ist $p(x) = 250 - \frac{1}{2}x$. Die Erlösfunktion lautet dann $E(x) = (250 - \frac{1}{2}x) \cdot x$ und daher ergibt sich die Gewinnfunktion zu

$$G(x) = 250x - \frac{1}{2}x^2 - (x^3 - 10x^2 + 34x + 350) = -x^3 + \frac{19}{2}x^2 + 216x - 350.$$

Zur Bestimmung des Maximum werden die ersten beiden Ableitungen gebildet.

- $G'(x) = -3x^2 + 19x + 216 = 0$, falls $x_1 = -5,89$ oder $x_2 = 12,22$
- $G''(x) = -6x + 19$, also $G''(12,22) = -54,32$.

Der maximale Gewinn wird demnach für $x = 12,22$ Mengeneinheiten erzielt und beträgt $G(12,22) = 1.883,35$ EUR.

Änderungsverhalten

Das Änderungsverhalten ökonomischer Funktionen wird für absolute Werte mithilfe der ersten Ableitung und für relative Werte mithilfe der Elastizität untersucht.

Beispiel 3.3.8

Gegeben sei die Kostenfunktion $K(x) = 0,5x^3 - 10x^2 + 70x + 100$, wobei x in 500-Stück-Einheiten gegeben sei.

Die Grenzkosten ergeben sich zu $K'(x) = 1,5x^2 - 20x + 70$. Für eine Produktionsmenge von 10.000 Stück gilt $x = 20$. Es ergeben sich

- $K'(20) = 270$, wird also die Produktionsmenge, ausgehend von $x = 20$, um eine Einheit auf $x = 21$ erhöht, so erhöhen sich die Kosten um näherungsweise 270 Geldeinheiten.
- $\varepsilon_{Kx} = (1,5x^2 - 20x + 70)\frac{x}{0,5x^3 - 10x^2 + 70x + 100}$. Eingesetzt ergibt sich dann $\varepsilon_{Kx}(20) = 270 \cdot \frac{20}{1.700} = 3,18$, wird die Produktionsmenge also von $x = 20$ ausgehend um 1% erhöht, so steigen die Kosten um 3,18%.

Monotonie und Krümmung

Das Wachstumsverhalten ökonomischer Funktionen wird mithilfe der Eigenschaften Monotonie und Krümmung untersucht. Dabei sind diese Eigenschaften zumeist natürlich gegeben. Sinnvoll gebildete Angebotsfunktionen sollten stets monoton steigen, wohingegen Nachfragefunktionen als monoton fallend anzunehmen sind. Eine Kostenfunktion steigt grundsätzlich streng monoton, selbiges gilt für die Konsum- und Sparfunktion.

Wendestellen

Die Wendestelle einer ökonomischen Funktion entspricht dem Minimum bzw. Maximum der jeweiligen Grenzfunktion. Bedeutung hat dieses vor allem bei ertragsgesetzlichen Kostenfunktionen, hier wird die Wendestelle auch als **Schwelle des Ertragsgesetzes** bezeichnet. Sie gibt das Minimum der Grenzkosten an, an dieser Stelle ist somit die Kostenänderung am geringsten. Für ertragsgesetzliche Produktionsfunktionen ist die Zunahme der Erträge in der Wendestelle am größten, die Wendestelle entspricht dem Maximum der Grenzerträge.

Beispiel 3.3.9

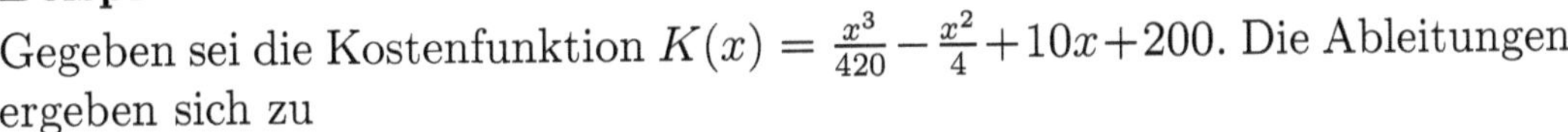

Gegeben sei die Kostenfunktion $K(x) = \frac{x^3}{420} - \frac{x^2}{4} + 10x + 200$. Die Ableitungen ergeben sich zu

- $K'(x) = \frac{1}{140}x^2 - \frac{1}{2}x + 10$,
- $K''(x) = \frac{1}{70}x - \frac{1}{2} = 0$, wenn $x = 35$ und
- $K'''(x) = \frac{2}{70} > 0$.

Die Kostenfunktion besitzt also eine Wendestelle in $x = 35$. Die Grenzkosten für $x = 35$ Mengeneinheiten betragen $K'(35) = 1,25$ EUR und stellen das Minimum der Grenzkostenfunktion dar.
Wird, ausgehend von $x = 35$ Mengeneinheiten, eine zusätzliche Einheit produziert, so betragen die auf diese zusätzliche Einheit entfallenden Mehrkosten näherungsweise $1,25$ EUR.
Bevor dieser Wert erreicht wird, sinken die Grenzkosten, rechts von diesem Wert steigen sie wieder an.

asymptotisches Verhalten

Schließlich spielen auch Grenzwerte, vor allem das Verhalten von Konsum- und Sparfunktion für sehr große Einkommen, eine große Rolle. Der Grenzwert der Konsumfunktion für $Y \to \infty$,

$$\lim_{Y\to\infty} C(Y)$$

wird auch als **Sättigungswert des Konsums** bezeichnet. Die **marginale Konsum- bzw. Sparquote** entspricht der ersten Ableitung der Konsum- bzw. Sparfunktion. Für ökonomisch sinnvoll gewählte Konsum- und Sparfunktionen sollte für $Y \to \infty$ stets gelten

$$\lim_{Y\to\infty} C'(Y) = 0 \text{ bzw. } \lim_{Y\to\infty} S'(Y) = 1.$$

Für sehr hohe Einkommen wird eine zusätzliche Einkommenseinheit nicht mehr für Konsum verwendet, sondern vollständig gespart.

Beispiel 3.3.10

Gegeben sei die Konsumfunktion

$$C(Y) = 250 \cdot \frac{20 + 6,5Y}{2 + 0,5Y}.$$

Der Sättigungswert des Konsums ist dann gegeben durch

$$\lim_{Y\to\infty} C(Y) = 250 \cdot \frac{6,5}{0,9} = 3.250 \text{ EUR}.$$

Die Ableitung der Konsumfunktion lautet

$$C'(Y) = \frac{6,5(2 + 0,5Y) - (20 + 6,5Y)0,5}{2 + 0,5Y} = \frac{3}{2 + 0,5Y},$$

es ist dann tatsächlich

$$\lim_{Y\to\infty} C'(Y) = 0.$$

Für die Sparsumme gilt $S(Y) = Y - C(Y)$ und daher auch $S'(Y) = 1 - C'(Y)$. Die marginale Sparquote ergibt sich dann zu

$$\lim_{Y\to\infty} S'(Y) = 1.$$

Aufgaben

Aufgabe 3.3.1

Untersuchen Sie die Funktionen mithilfe der ersten Ableitung auf Monotonie.

a) $f(x) = 3x^2 - 6x + 9$,

b) $f(x) = \frac{x}{e^x}$.

Aufgabe 3.3.2

Untersuchen Sie die Funktionen mithilfe der zweiten Ableitung hinsichtlich ihrer Krümmung.

a) $f(x) = x^3 - 2x^2 + 4x + 6$,

b) $f(x) = e^{x-x^2}$.

Aufgabe 3.3.3

Bestimmen Sie die Extremwerte der Funktionen.

a) $f(x) = \frac{1}{4}x^4 - \frac{2}{3}x^3 + x^2 - x + 1$,

b) $f(x) = x \cdot e^{x^2-3x}$.

Aufgabe 3.3.4

Bestimmen Sie die Wendestellen der Funktionen.

a) $f(x) = \frac{3}{4}x^4 - 18x^2 + 2x - 1$,

b) $f(x) = x^2 \cdot \ln(x)$.

Aufgabe 3.3.5

Führen Sie eine Kurvendiskussion für die Funktion $f(x) = x \cdot e^{4-2x^2}$ durch.

Aufgabe 3.3.6

Gegeben sei die Preis-Absatz-Funktion $x(p) = 925 - \frac{1}{4}p$ sowie die Kostenfunktion $K(x) = x^3 - 4x^2 + 25x + 150$.

a) Bestimmen Sie den maximalen Gewinn.

b) Bestimmen Sie die minimalen Stückkosten.

c) Bestimmen Sie die Schwelle des Ertragsgesetzes.

Aufgabe 3.3.7

Gegeben sei eine Kostenfunktion $K(x) = 20x^2 - 2x + 320$, eine Preis-Absatz-Funktion $p(x) = 148 + 15x$ und eine Produktionsfunktion $x(r) = 6r - 2r^2$.

a) Bestimmen Sie die Gewinnzone.

b) Bestimmen Sie den maximalen Gewinn.

c) Bestimmen Sie die Bestellmenge r für minimale Stückkosten.

Aufgabe 3.3.8

Gegeben sei die Sparfunktion $S(Y) = \frac{Y^2 - 20Y - 5}{Y + 5.000}$.

a) Bestimmen Sie die marginale Spar- und Konsumquote.

b) Wie hoch ist der Sättigungswert des Konsums?

c) Sind die Sättigungswerte von marginaler Spar- und Konsumquote ökonomis sinnvoll?

Aufgabe 3.3.9

Gegeben sei die Produktionsfunktion $x(r) = -\frac{1}{360}r^3 + \frac{7}{8}r^2 + 2r$

a) Bestimmen Sie den Bereich steigender, konstanter und abnehmender Grenzerträge.

b) Bestimmen Sie den maximalen Ertrag.

4 Integralrechnung

4.1 Das unbestimmte Integral

In vielen Anwendungen sollen von in der Praxis vorgefundenen Zusammenhängen Rückschlüsse auf die Struktur des Unternehmens gezogen werden. Beispielsweise kann durch Messungen herausgefunden werden, dass sich die Kosten gemäß einer Funktion $f(x)$ ändern, wenn die Produktionsmengen entsprechend variiert werden. Die Grenzkosten sind also bekannt bzw. mithilfe von statistischen Methoden ermittelt; die zugehörige Kostenfunktion soll bestimmt werden.
Die Integralrechnung kann daher als Umkehrung zur Differentialrechnung betrachtet werden. Zunächst werden unbestimmte Integrale eingeführt.

Definition 4.1.1
Gegeben sei eine differenzierbare Funktion $F(x) : \mathbb{R} \longrightarrow \mathbb{R}$. Gilt

$$F'(x) = f(x),$$

so heißt $F(x)$ **Stammfunktion** von $f(x)$, geschrieben $F(x) = \int f(x)dx$. Die Funktion $f(x)$ heißt dabei **Integrand**, die Variable x **Integrationsvariable**.

Beispiel 4.1.1
Für die Funktion $f(x) = x$ ist $F(x) = \frac{1}{2}x^2$, da $F'(x) = \left(\frac{1}{2}x^2\right) = f(x)$.

Da Konstanten durch das Differenzieren verschwinden, ist in obigem Beispiel auch $\hat{F}(x) = \frac{1}{2}x^2 + 5$ eine Stammfunktion von $f(x) = x$. Die Stammfunktion ist also nicht eindeutig.

Satz 4.1.1
Sei $F(x)$ eine Stammfunktion von $f(x)$. Dann ist für jedes $c \in \mathbb{R}$ auch $F(x) + c$ eine Stammfunktion von $f(x)$. Die Menge aller Stammfunktionen heißt **unbestimmtes Integral**, geschrieben

$$\int f(x)dx = F(x) + c.$$

Die Tabelle fasst die unbestimmten Integrale häufig verwendeter Funktionen zusammen, wobei stets $c \in \mathbb{R}$ gilt.

$f(x)$	$\int f(x)dx$
a	$ax + c$
$ax + b$	$\frac{1}{2}ax^2 + bx + c$
x^n	$\frac{1}{n+1}x^{n+1} + c, n \in \mathbb{R}\backslash\{-1\}, x > 0$
$\frac{1}{x}$	$\ln \lvert x \rvert + c$
$\sqrt{x}$	$\frac{2}{3}\sqrt{x^3} + c$
a^x	$\frac{a^x}{lna} + c$
e^x	$e^x + c$
$\sin x$	$-\cos x + c$
$\cos x$	$\sin x + c$

Beispiel 4.1.2
Gegeben sei die Funktion $f(x) = \frac{x}{\sqrt[3]{x^4}}$. Umformen des Terms führt auf

$$f(x) = \frac{x}{(x^4)^{\frac{1}{3}}} = \frac{x}{x^{\frac{4}{3}}} = x^{1-\frac{4}{3}} = x^{-\frac{1}{3}},$$

also ist

$$\int f(x)dx = \int x^{-\frac{1}{3}}dx = \frac{1}{-\frac{1}{3}+1}x^{-\frac{1}{3}+1} + c = \frac{1}{\frac{2}{3}}x^{\frac{2}{3}} + c = \frac{3}{2}x^{\frac{2}{3}} + c.$$

Rechenregeln für unbestimmte Integrale

Analog zu den Differentiationsregeln existieren auch für Integrale allgemeingültige Rechenregeln.

Satz 4.1.2
Für das Integral $\int f(x)dx$ gelten die folgenden Rechenregeln.

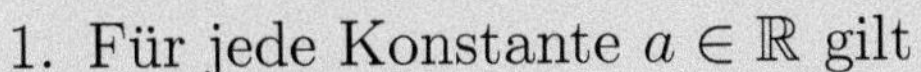

1. Für jede Konstante $a \in \mathbb{R}$ gilt

$$\int af(x)dx = a\int f(x)dx.$$

2. Für das Integral einer Summe von Funktionen gilt

$$\int \sum_{i=1}^{n} a_i f_i(x)dx = \sum_{i=1}^{n} a_i \int f_i(x)dx.$$

Beispiel 4.1.3

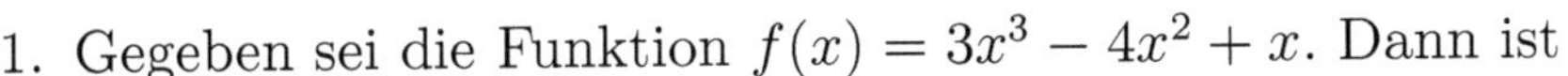

1. Gegeben sei die Funktion $f(x) = 3x^3 - 4x^2 + x$. Dann ist

$$\int f(x)dx = 3\int x^3dx - 4\int x^2dx + \int xdx = \frac{3}{4}x^4 - \frac{4}{3}x^3 + \frac{1}{2}x^2 + c.$$

2. Gegeben sei die Funktion $f(x) = 2x^2 + \cos x + \frac{2}{x}$. Dann ist

$$\int f(x)dx = 2\int x^2dx + \int \cos x dx + 2\int \frac{1}{x}dx = \frac{2}{3}x^3 + \sin x + 2\ln|x| + c.$$

Partielle Integration

Für ein Produkt aus zwei Funktionen entsteht mithilfe der Produktregel

$$(u(x)v(x))' = u'(x)v(x) + u(x)v'(x) \leftrightarrow u(x)v'(x) = (u(x)v(x))' - u'(x)v(x)$$

die Möglichkeit, das Integral mithilfe der **partiellen Integration** zu bestimmen, indem obige Gleichung integriert wird.

Satz 4.1.3
Für differenzierbare Funktionen $u : \mathbb{R} \longrightarrow \mathbb{R}$ und $v : \mathbb{R} \longrightarrow \mathbb{R}$ gilt

$$\int u(x)v'(x)dx = u(x)v(x) - \int u'(x)v(x)dx.$$

Beispiel 4.1.4
Gegeben sei die Funktion $f(x) = x \sin x$. Es sind

$$\begin{aligned} u(x) &= x & u'(x) &= 1 \\ v'(x) &= \sin x & v(x) &= -\cos x \end{aligned}$$

Damit gilt

$$\int f(x)dx = -x\cos x - \int 1 \cdot (-\cos x)dx = -x\cos x + \sin x.$$

Substitution

Sei $U(x)$ eine Stammfunktion von $u(x)$. Die Differentiation einer Komposition von Funktionen erfolgt mit der Kettenregel

$$(U(v(x)))' = \frac{dU(v(x))}{dx} = \frac{dU(v(x))}{dv(x)} \cdot v'(x) = u(v(x))v'(x).$$

Daher gilt

$$dU(v(x)) = u(v(x))v'(x)dx.$$

Es ist aber auch

$$\frac{dU(v(x))}{dv(x)} = u(v(x)), \text{ also auch } dU(v(x)) = u(v(x))dv(x),$$

zusammengesetzt ergibt sich

$$u(v(x))v'(x)dx = u(v(x))dv(x).$$

Für $z = v(x)$ gilt außerdem

$$\frac{dz}{dx} = v'(x), \text{ also auch } dz = v'(x)dx.$$

Eingesetzt ergibt sich die **Substitutionsregel**.

Satz 4.1.4 Sei $u : \mathbb{R} \longrightarrow \mathbb{R}$ eine integrierbare Funktion und $z = v(x)$ mit $dz = v'(x)dx$. Dann gilt

$$\int u(v(x))v'(x)dx = \int u(z)dz.$$

Die Substitutionsregel wird eingesetzt, wenn der Integrand eine Komposition von Funktionen ist, welche durch die Substitution in eine elementare Funktion überführt werden kann.

Beispiel 4.1.5

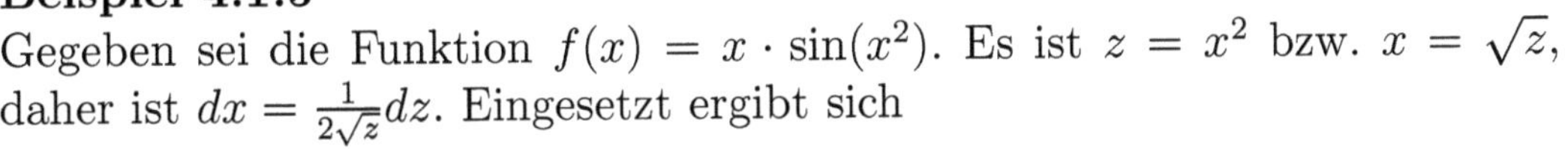

Gegeben sei die Funktion $f(x) = x \cdot \sin(x^2)$. Es ist $z = x^2$ bzw. $x = \sqrt{z}$, daher ist $dx = \frac{1}{2\sqrt{z}}dz$. Eingesetzt ergibt sich

$$\int f(x)dx = \int \sqrt{z} \sin z \frac{1}{2\sqrt{z}}dz = \int \frac{\sin z}{2}dz = -\frac{1}{2}\cos z + c = -\frac{1}{2}\cos(x^2) + c.$$

4.2 Das bestimmte Integral

In den meisten Anwendungen zur Integralrechnung geht es nicht nur um die Umkehrung der Differentialrechnung, sondern darum, für Flächen zwischen Kurven bzw. für zwischen Funktionen und Koordinatenachsen verlaufende Flächen den Flächeninhalt zu bestimmen. Dazu ist anzugeben, für welchen Bereich der Abszisse der Flächeninhalt berechnet werden soll, dieser Bereich ergibt sich aus dem ökonomischen Sachverhalt.
Bevor ökonomische Anwendungen betrachtet werden, wird zunächst das **bestimmte Integral** definiert. Dabei wird aus Vereinfachungsgründen auf eine Darstellung mithilfe von Grenzwerten verzichtet und der Zusammenhang zwischen bestimmtem und unbestimmten Integral direkt angegeben.

Satz 4.2.1
Gegeben sei die Funktion $f : \mathbb{R} \longrightarrow \mathbb{R}$ sowie eine zugehörige Stammfunktion $F(x)$. Dann gilt:

$$\int_a^b f(x)dx = F(x)|_a^b = F(b) - F(a).$$

Dabei heißt $\int_a^b f(x)dx$ **bestimmtes Integral**, a **untere Integrationsgrenze** und b **obere Integrationsgrenze**.

Da die Integrationskonstante für die obere Grenze addiert und für die untere Grenze subtrahiert wird, muss sie für das bestimmte Integral nicht mehr angegeben werden. Als Schreibweise wird auch $\int_a^b f(x)dx = [F(x)]_a^b$ verwendet.

Rechenregeln für bestimmte Integrale

Auch für bestimmte Integrale gelten verschiedene Rechenregeln.

Satz 4.2.2
Für bestimmte Integrale gelten die folgenden Rechenregeln.

1. $\int_a^a f(x)dx = 0$
2. $\int_a^b f(x)dx = -\int_b^a f(x)dx$
3. $\int_a^b cf(x)dx = c\int_a^b f(x)dx$
4. $\int_a^b \sum\limits_{i=1}^n a_i f_i(x)dx = \sum\limits_{i=1}^n a_i \int_a^b f_i(x)dx$
5. $\int_a^b f(x)dx = \int_a^c f(x)dx + \int_c^b f(x)dx$
6. $\int_a^b f(x)g'(x)dx = f(x)g(x)|_a^b - \int_a^b f'(x)g(x)dx$
7. $\int_a^b f(g(x))g'(x)dx = \int_\alpha^\beta f(z)dz$ mit $z = g(x)$, $\alpha = g(a)$ und $\beta = g(b)$.

Beispiel 4.2.1

1. Gegeben sei die Funktion $f(x) = \sqrt{x}$ auf dem Intervall $(4, 9)$. Es ist
$$\int_4^9 \sqrt{x}dx = \frac{2}{3}x^{\frac{3}{2}}|_4^9 = \frac{2}{3}3 - \frac{2}{3}2 = \frac{2}{3}.$$
2. Gegeben sei die Funktion $f(x) = \sqrt[3]{x^2}$ auf dem Intervall $(1, 3)$. Dann ist $\int_1^3 f(x)dx = \int_1^3 x^{\frac{2}{3}}dx = \frac{3}{5}x^{\frac{5}{3}}|_1^3 = 3,744 - 0,6 = 3,144$
3. Gegeben sei die Funktion $f(x) = \frac{1}{(3x-5)^2}$ auf dem Intervall $(2, 3)$. Es ist $z = 3x-5$ bzw. $x = \frac{5}{3}+\frac{z}{3}$, also auch $dx = \frac{1}{3}dz$. Ferner ist $\alpha = 3\cdot2-5 = 1$ und $\beta = 3 \cdot 3 - 5 = 4$ Einsetzen liefert
$$\int_2^3 f(x)dx = \int_1^4 \frac{1}{z^2}\frac{1}{3}dz = \frac{1}{3}\int_1^4 z^{-2}dz = -\frac{1}{3}z^{-1}|_1^4 = 0,25.$$

Nicht immer sind beide Grenzen als Konstante gegeben. Häufig ist die obere Grenze variabel, das Integral lautet dann
$$\int_a^x f(r)dr = F(x) - F(a).$$

Damit kann der **Hauptsatz der Differential- und Integralrechnung** formuliert werden. Er sagt aus, dass die Integralrechnung gerade die Umkehrung der Differentialrechnung ist.

Satz 4.2.3
Für eine stetige Funktion $f : \mathbb{R} \longrightarrow \mathbb{R}$ gilt

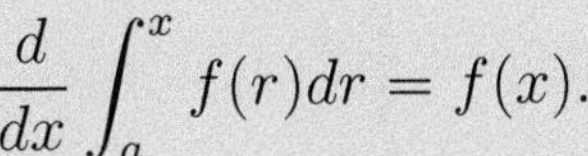

$$\frac{d}{dx}\int_a^x f(r)dr = f(x).$$

Beispiel 4.2.2

Gegeben sei die Funktion $f(r) = r^3 + 3r^2 - r$. Die untere Integrationsgrenze sei gegeben durch $a = 1$. Das Integral mit variabler oberer Grenze ist dann gegeben durch
$$\int_a^x f(r)dr = \frac{1}{4}r^4 + r^3 - \frac{1}{2}r^2|_1^x = \frac{1}{4}x^4 + x^3 - \frac{1}{2}x^2 - \frac{3}{4}.$$

Durch Bilden der Ableitung kann der Hauptsatz der Differential- und Integralrechnung für dieses Beispiel verifiziert werden.

4.3 Anwendungen der Integralrechnung

Anwendungen für ökonomische Funktionen

Wie eingangs bereits beschrieben, wird die Integralrechnung für ökonomische Funktionen dazu verwendet, aus gegebenen Grenzfunktionen die ursprüngliche Funktion abzuleiten. Dabei spielt auch die Bestimmung der Integrationskonstanten eine Rolle. Diese kann für ökonomische Funktionen auch aus dem Zusammenhang abgeleitet werden.

Bemerkung 4.3.1

1. Für gegebene Grenzkosten $K'(x)$ gilt

$$\int K'(x)dx = K(x) + c,$$

in den meisten Fällen entspricht die Konstante c dabei den Fixkosten.

2. Für gegebenen Grenzerlös $E'(x)$ gilt

$$\int E'(x)dx = E(x) + c.$$

Da der Erlös für 0 abgesetzte Mengeneinheiten keinen anderen Wert als 0 annehmen kann, gilt für die Konstante c in diesem Fall stets $c = 0$.

Beispiel 4.3.1

1. Gegeben seien die Grenzkostenfunktion $K'(x) = x^2 - 2x + 3$ sowie Fixkosten in Höhe von $K_{fix} = 5$. Dann ist

$$K(x) = \int x^2 - 2x + 3dx = \frac{1}{3}x^3 - x^2 + 3x + K_{fix} = \frac{1}{3}x^3 - x^2 + 3x + 5.$$

2. Die Grenzkostenfunktion eines Unternehmens laute $K'(x) = \frac{1}{8}x^2 + \frac{3}{x+e}$, die Fixkosten betragen $K_{fix} = 1.000$ EUR. Dann ist

$$K(x) = \int \frac{1}{8}x^2 + \frac{3}{x+e}dx = \frac{1}{24}x^3 + 3\ln|x+e| + c.$$

Es ist dann $K(0) = \ln(e) + c = 1.000$ und daher $c = 1.000 - 1 = 999$.

3. Gegeben sei die Grenzerlösfunktion $E'(x) = 4x - 1$. Die Erlösfunktion ergibt sich zu

$$E(x) = \int 4x - 1dx = 2x^2 - x.$$

Konsumenten- und Produzentenrente

Eine wesentliche Anwendung der Integralrechnung in der Ökonomie besteht in der Betrachtung von Angebots- und Nachfragefunktionen. Das Marktgleichgewicht ist durch den Schnittpunkt beider Preis-Absatz-Funktionen gegeben.
In dem Bereich bis zum Marktgleichgewicht befindet sich stets ein Marktteilnehmer im Vorteil. Wird das Marktgleichgewicht als Preis gewählt, so wird die Fläche zwischen der Nachfragefunktion und der konstanten Funktion $f(x) = p_M$, dem Wert des Gleichgewichtspreises, auch als **Konsumentenrente** bezeichnet. Der Konsument wäre in diesem Bereich bereit, mehr für das Produkt zu zahlen, erzielt also einen Vorteil.
Die Fläche zwischen der Angebotsfunktion und der konstanten Funktion $f(x) = p_M$, dem Wert des Gleichgewichtspreises, wird als **Produzentenrente** bezeichnet. Der Anbieter wäre bereit, dass Produkt zu einem geringeren Preis abzusetzen, erzielt also im Marktgleichgewicht ebenfalls einen Vorteil.

Definition 4.3.1
Die **Konsumentenrente** ist gegeben durch

$$KR = \int_0^{x_M} p_N(x) - p_M dx.$$

Die **Produzentenrente** ist gegeben durch

$$PR = \int_0^{x_M} p_M - p_A(x) dx.$$

Für jeden Konsumenten ergibt sich eine persönliche Konsumentenrente und für jeden Produzenten eine spezielle Produzentenrente. Durch die Berechnung der Integrale werden zum Einen die Konsumentenrenten aller Konsumenten und zum Anderen die Produzentenrenten aller Produzenten aggregiert. Die Summe aus Konsumentenrente und Produzentenrente wird auch als **Wohlfahrt** bezeichnet.
In den nachstehenden Grafiken entspricht jeweils die schraffierte Fläche der Konsumentenrente, die Wabenfläche entspricht der Produzentenrente.

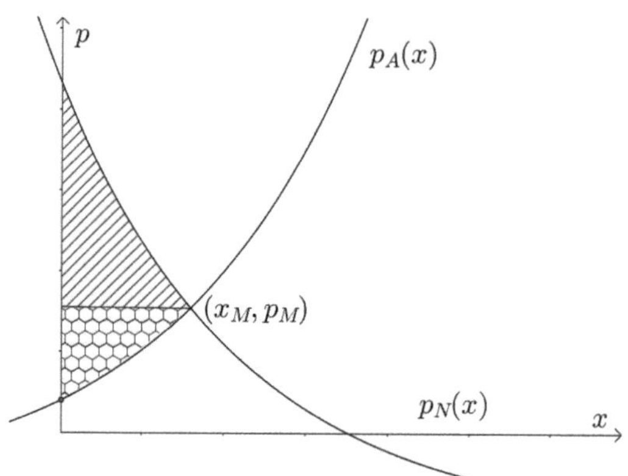

Sind Angebots- und Nachfragefunktion in umgekehrter Beziehung gegeben, so sind zunächst die Nullstellen der Angebots- und Nachfragefunktion aus $x_A(p) = 0$ und $p_N(x) = 0$ zu bestimmen, hier bezeichnet als p_A^0 und p_N^0. Es gilt dann die folgende Beziehung.

Definition 4.3.2
Die **Konsumentenrente** ist gegeben durch

$$KR = \int_{p_M}^{p_N^0} x_N(p)dp.$$

Die **Produzentenrente** ist gegeben durch

$$PR = \int_{p_A^0}^{p_M} x_A(p)dp.$$

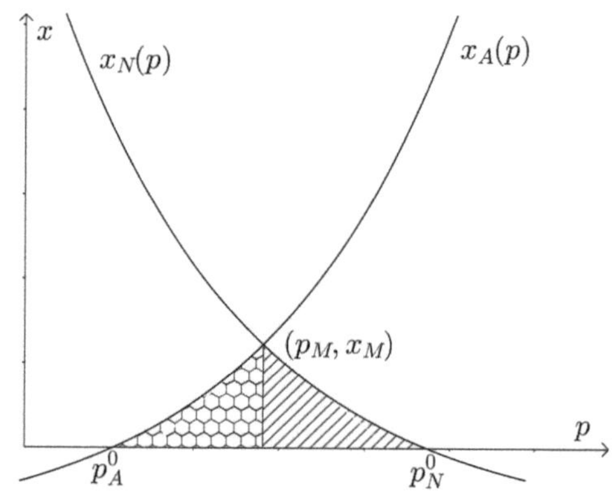

Beispiel 4.3.2

1. Gegeben seien die Angebotsfunktion $x_A(p) = 10p - 100$ sowie die Nachfragefunktion $x_N(p) = 242 - \frac{1}{2}p^2$. Die Nullstellen der Preis-Absatz-Funktionen betragen $p_A^0 = 10$ und $p_N^0 = 22$. Das Marktgleichgewicht ist gegeben durch $x_A(p) = x_N(p)$ und ergibt sich zu $(p_M, x_M) = (18, 80)$. Es gilt also
$KR = \int_{18}^{22} 242 - \frac{1}{2}p^2 dp = 242p - \frac{1}{6}p^3|_{18}^{22} = 165,33$ und
$PR = \int_{10}^{18} 10p - 100dp = 5p^2 - 100p|_{10}^{18} = 320.$

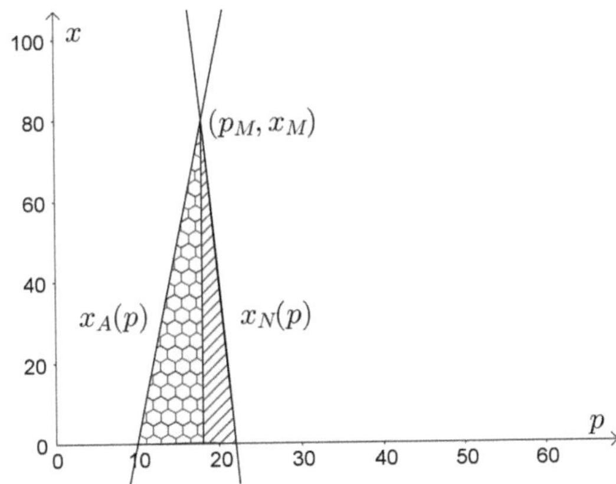

2. Gegeben seien die Angebotsfunktion $p_A(x) = 20 + \frac{1}{4}x^2$ sowie die Nachfragefunktion $p_N(x) = 200 - 4x$. Das Marktgleichgewicht ist gegeben durch $p_A(x) = p_N(x)$ und ergibt sich zu $(p_M, x_M) = (120, 20)$. Es gilt also
$KR = \int_0^{20} 200 - 4x - 20dx = 180x - 2x^2|_0^{20} = 2.800$ und
$PR = \int_0^{20} 20 - 20 + \frac{1}{4}x^2 dx = \frac{1}{12}x^3|_0^{20} = 666,67.$

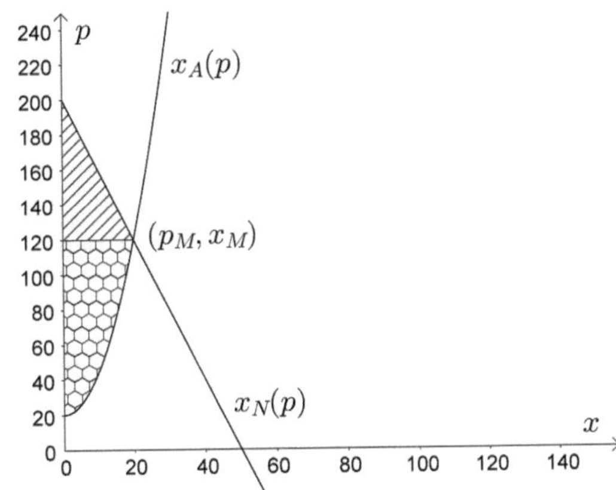

Aufgaben

Aufgabe 4.3.1
Bestimmen Sie die unbestimmten Integrale

a) $\int x^2 - \frac{1}{2}xdx$,

b) $\int \sin x - e^x + \frac{1}{x}dx$,

c) $\int \sqrt{x} - \frac{1}{x^2}dx$.

Aufgabe 4.3.2
Bestimmen Sie die bestimmten Integrale

a) $\int_0^5 x^3 - \frac{2}{3}x^2 + xdx$,

b) $\int_\pi^{2\pi} \cos x - xdx$,

c) $\int_4^{64} e^x - \sqrt{x}dx$.

Aufgabe 4.3.3
Bestimmen Sie die Integrale

a) $\int xe^x dx$,

b) $\int (3x-2)^3 dx$,

c) $\int_5^{15} \sqrt{2x+6}dx$,

d) $\int_0^\pi x^2 \cos xdx$,

e) $\int_2^x e^r - r^2 dr$.

Aufgabe 4.3.4
Gegeben sei eine Grenzkostenfunktion $K'(x) = 15x^2 - 60x + 61$ sowie Fixkosten in Höhe von $K_{fix} = 200$. Bestimmen Sie die Kostenfunktion.

Aufgabe 4.3.5
Gegeben seien die Angebotsfunktion $p_A(x) = 60 + 2x$ sowie die Nachfragefunktion $p_N(x) = 300 - \frac{1}{10}x^2$. Bestimmen Sie die Konsumenten- und Produzentenrente.

Aufgabe 4.3.6
Gegeben seien die Angebotsfunktion $x_A(p) = \frac{1}{2}p^2 - 50$ sowie die Nachfragefunktion $x_N(p) = 400 - 16p$. Bestimmen Sie die Konsumenten- und Produzentenrente.

5 Differentialrechnung für Funktionen mit mehreren unabhängigen Variablen

5.1 Definition von Funktionen im $\mathbb{R}^n$

Beziehungen zwischen ökonomischen Größen bestehen in der Regel nicht nur zwischen zwei, sondern zwischen mehreren Größen. Daher werden in diesem Kapitel Funktionen mit mehreren unabhängigen Variablen betrachtet, welche zur Modellierung dieser Zusammenhänge verwendet werden.

Definition 5.1.1
Eine **Funktion mit n unabhängigen Variablen** bildet geordnete Paare $(x_1, \ldots, x_n)$ mit $x_1, \ldots, x_n \in \mathbb{R}$ eindeutig auf Werte $z \in \mathbb{R}$ ab, geschrieben

$$f : \mathbb{R}^n \longrightarrow \mathbb{R}.$$

Funktionen mit mehreren Variablen werden entweder in **expliziter** oder in **impliziter Form** angegeben.

Beispiel 5.1.1

1. Der Term $f(x, y) = x^2 + y^2 - xy$ ist die explizite Darstellung einer Funktion mit zwei unabhängigen Variablen.

2. Der Term $0 = \sqrt{x^2 + y^2 + z^2}$ ist die implizite Darstellung einer Funktion mit zwei unabhängigen Variablen.

Die grafische Darstellung von Funktionen mit mehreren Variablen kann für Funktionen mit zwei unabhängigen Variablen in einem 3D-Koordinatensystem erfolgen. Die Grafik zeigt die Funktion $f(x, y) = x^2 + y^2$.

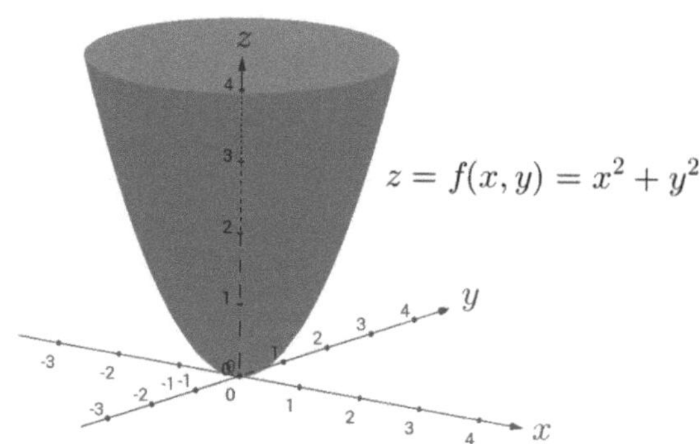

Für Funktionen mit mehr als zwei unabhängigen Variablen ist dies nicht mehr möglich. Hier und auch zur besseren Interpretation bei Funktionen mit zwei Variablen werden dagegen **Schnittkurvendiagramme** zur grafischen Darstellung verwendet. Zur Erstellung von Schnittkurvendiagrammen für Funktionen mit zwei Variablen wird der Schnitt der Funktion $f(x, y)$ mit Ebenen gebildet, welche parallel zu einer der Koordinatenebenen sind. Anders ausgedrückt wird eine Variable konstant gehalten, während alle anderen weiterhin variabel bleiben. Dabei werden für Funktionen mit zwei Variablen Schnittebenen unterschieden, welche

1. parallel zur $(x, y)-$ Ebene sind.
   Dazu wird $z = c = f(x, y)$ gesetzt. Diese Kurven werden auch **Höhenlinien** genannt. Für die Funktion $f(x, y) = x^2+y^2$ sind die Höhenlinien in der nachfolgenden Grafik abgebildet.

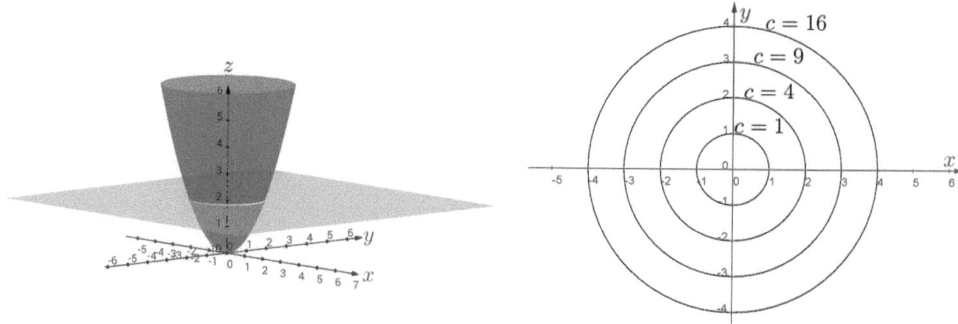

Auf einer Höhenlinie liegen alle Punkte, welche denselben Funktionswert c ergeben. Dies hat vor allem bei der Betrachtung von Produktionsfunktionen eine Bedeutung.

2. parallel zur $(x, z)-$ Ebene sind.
   Es wird $y = c \in \mathbb{R}$ gesetzt, es gilt dann $z = f(x, c)$. Für die Funktion $f(x, y) = x^2 + y^2$ sind die entsprechenden Schnittkurven in der nachfolgenden Grafik abgebildet.

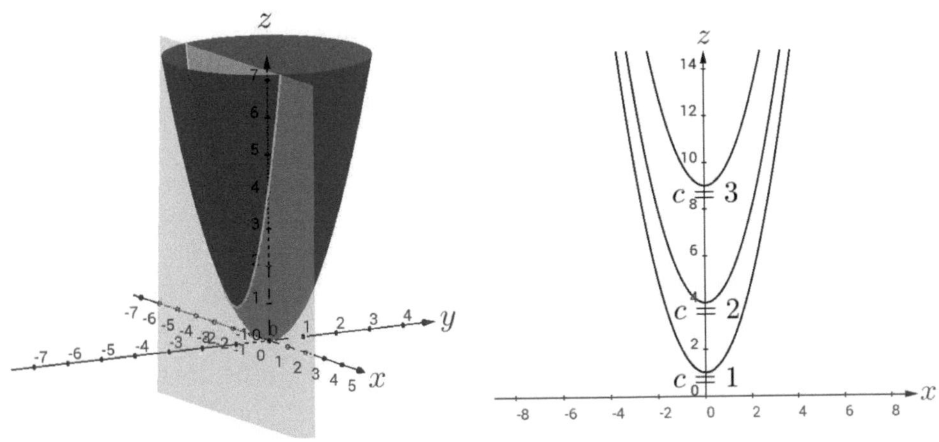

3. parallel zur $(y, z)-$ Ebene sind.
   Es wird $x = c \in \mathbb{R}$ gesetzt, es gilt dann $z = f(c, y)$. Für die Funktion $f(x, y) = x^2 + y^2$ sind die entsprechenden Schnittkurven in der nachfolgenden Grafik abgebildet.

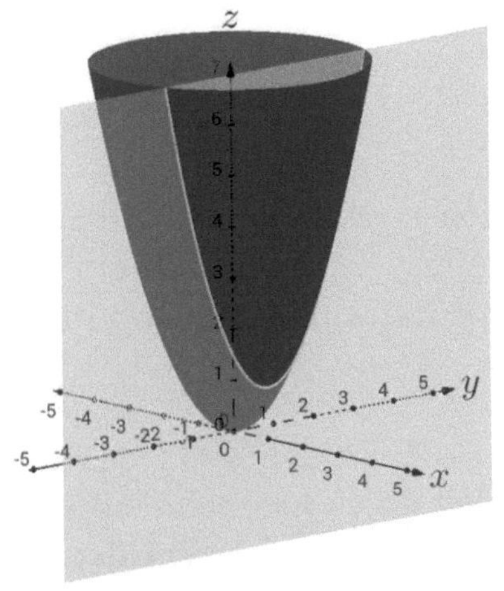

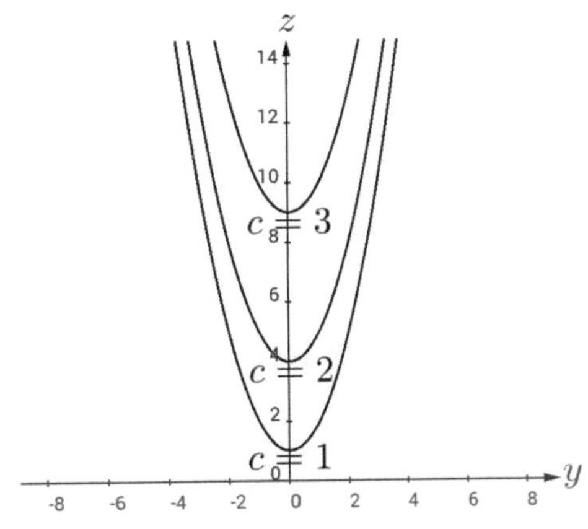

5.1.1 Ökonomische Funktionen

In Abschnitt 2.3 wurden bereits ökonomische Funktionen mit einer Variablen vorgestellt. Diese hängen tatsächlich von mehr als einer Variablen ab. Im Wesentlichen werden die folgenden ökonomischen Funktionen untersucht.

Kostenfunktion

Die Funktion $K(x_1, \ldots, x_n)$ gibt die Kosten der Produktion an, wenn von dem i-ten Gut x_i Einheiten hergestellt werden.

Preis-Absatzfunktion

Die Funktionen $p_i(x_1, \ldots, x_n), i = 1, \ldots, n$ geben an, wie sich der Preis des i-ten Gutes verändert, wenn die Produktionsmengen der verschiedenen Güter verändert wird. Hierbei hängt der Preis nicht mehr nur von der Produktionsmenge des Gutes, sondern zumeist auch von den Produktionsmengen der Konkurenzgüter ab. Auch für Funktionen mit mehreren Variablen kann die Preis-Absatz-Funktion in umgekehrter Beziehung formuliert werden, sie lautet dann $x_i(p_1, \ldots, p_n), i = 1, \ldots, n$ und setzt die Produktionsmenge des i-ten Gutes in Abhängigkeit zu den Preisen der Güter.

Erlösfunktion

Die Erlösfunktion $E(x_1, \ldots, x_n) = \sum_{i=1}^{n} p_i(x_1, \ldots, x_n) \cdot x_i$ ergibt sich wieder als Produkt aus Preis und Menge und gibt den Erlös an, der für die angenommenen Produktionsmengen erzielt wird.

Gewinnfunktion

Die Differenz aus Erlös- und Kostenfunktion ergibt wiederum die Gewinnfunktion $G(x_1, \ldots, x_n) = E(x_1, \ldots, x_n) - K(x_1, \ldots, x_n)$, diese gibt den Gewinn an, welcher für die gegebenen Produktionsmengen erzielt wird.

Produktionsfunktionen

Für Funktionen mit mehr als einer Variablen ist es nunmehr möglich, Produktionsfunktionen durch spezielle Eigenschaften zu unterscheiden. Im Wesentlichen werden die folgenden Typen unterschieden.

1. **linear-limitationale Produktionsfunktion**
   Für diese Funktionen wird ein festes Verhältnis der Produktionsfaktoren zueinander angenommen. Eine Substitution der Produktionsfaktoren durcheinander ist nicht möglich. Ein Beispiel für eine linear-limitationale Produktionsfunktion ist die **Leontief-Funktion**

$$x(r_1,\ldots,r_n) = \min\{\frac{r_i}{m_i}, m_i > 0, i = 1,\ldots,n\},$$

wobei r_i die eingesetzten Faktormengen des jeweiligen Einsatzfaktors und m_i den durchschnittlichen Verbrauch des jeweiligen Einsatzfaktors für eine Mengeneinheit angibt.

Beispiel 5.1.2

Für ein Kleidungsstück werden $2,5\ \text{m}^2$ Stoff und 10 m Garn benötigt. Die Einsatzfaktoren sind nur in begrenzter Höhe $r_1 = 100\ \text{m}^2$ Stoff und $r_2 = 280$ m Garn vorhanden. Es ergibt sich die Produktionsfunktion

$$x(r_1, r_2) = \min\{\frac{r_i}{m_i}|i = 1,2\}.$$

hier also $x = \min\{\frac{100}{2.5}, \frac{280}{10}\} = 28$, es können also bis zu 28 Kleidungsstücke hergestellt werden mit festem Verhältnis der Einsatzfaktoren. Die Höhenlinien dieser Funktion sind der nachstehenden Grafik zu entnehmen. Es können nur die Kombinationen $(2,5;10)$, $(5;20)$ usw. eingesetzt werden, wird nur einer der Faktoren Stoff oder Garn erhöht, so erhöht sich der Output nicht.

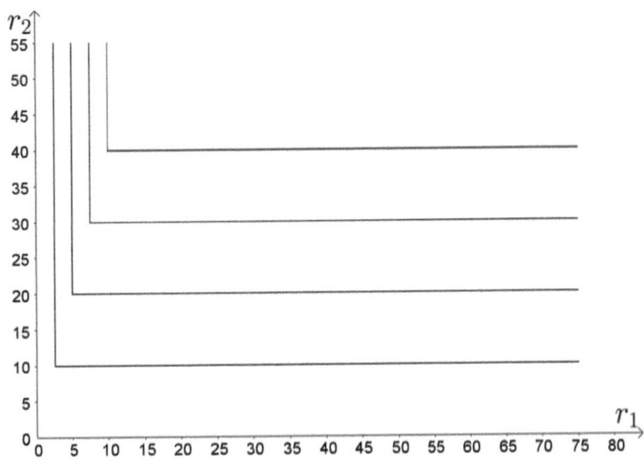

2. **ertragsgesetzliche Produktionsfunktion**
Bei dieser Produktionsfunktion sind Substitutionen in begrenzter Menge möglich. Ein Beispiel für diesen Typ ist die **Sato-Funktion**, ein Beispiel dafür ist die Funktion

$$x(r_1, r_2) = \frac{r_1^2 r_2^2}{r_1^3 + r_2^3}.$$

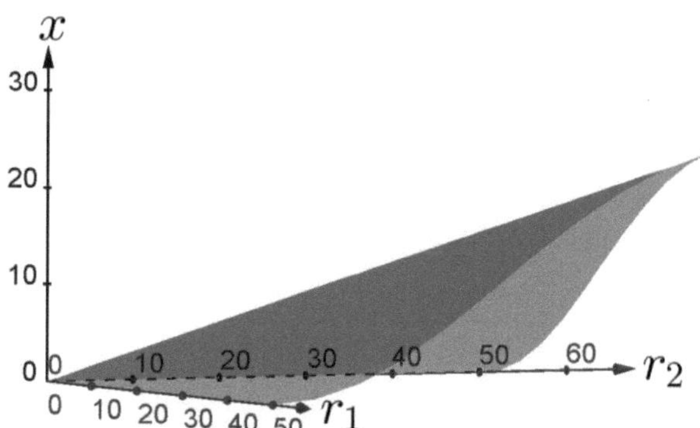

Die Grafik zeigt die oben angegebene Sato-Funktion. Dieser Typ von Produktionsfunktion tritt beispielsweise auf, wenn Arbeitnehmer unterschiedlicher Qualifikation beschäftigt werden. In begrenzter Form können kostenintensive Arbeitnehmer durch Hilfskräfte ersetzt werden. Um den Produktionsprozess nicht zu gefährden, muss diese Substitution jedoch begrenzt werden.

3. **neoklassische Produktionsfunktion**
Hier sind Substitutionen unbegrenzt möglich. Für diesen Typ werden die folgenden Annahmen getroffen:

   - $x(0, 0) = 0$, werden keine Faktoren eingesetzt, so wird auch kein Ertrag erzielt.
   - $x(r_1, r_2)$ ist monoton wachsend, die Produktionsmenge nimmt zu, wenn die Einsatzmenge der Faktoren gesteigert wird.
   - $x(r_1, r_2)$ ist konkav, mit zunehmender Einsatzmenge nehmen die Grenzerträge ab, der durch zusätzliche Mengeneinheiten erzielte Mehrerfolg nimmt demnach mit zunehmenden Beträgen ab.

Ein Beispiel dieser Form von Produktionsfunktionen ist die **Cobb-Douglas-Funktion**

$$x(r_1, \ldots, r_n) = c r_1^{\alpha_1} \cdots r_n^{\alpha_n}, \quad \alpha_1, \ldots, \alpha_n, c > 0.$$

Beispiele zu diesem Funktionstyp werden im anschließenden Abschnitt *5.1.2* gezeigt.

Nutzenfunktionen

Nutzenfunktionen $U(x_1, \ldots, x_n)$ beschreiben den Zusammenhang zwischen dem Erwerb bzw. dem Verbrauch von Gütern und dem daraus resultierenden Nutzen.

Beispiel 5.1.3
Der Nutzen eines Haushaltes aus dem Konsum zweier Güter sei durch die Nutzenfunktion $U(x_1, x_2) = 2\sqrt{x_1 + x_2} + 5\sqrt{x_1}$ gegeben. Für den Konsum von 100 Mengeneinheiten des ersten Gutes und 69 Einheiten des zweiten Gutes ergeben sich $U(100, 69) = 76$ Nutzeneinheiten.

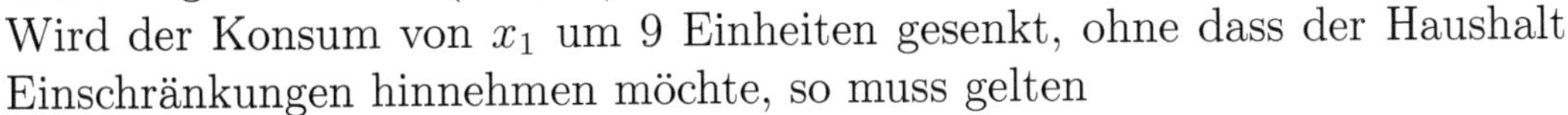

Wird der Konsum von x_1 um 9 Einheiten gesenkt, ohne dass der Haushalt Einschränkungen hinnehmen möchte, so muss gelten

$$U(81, x_2) = 76 \Leftrightarrow 31 = 2\sqrt{81 + x_2} \Leftrightarrow x_2 = 159,25,$$

der Konsum des zweiten Gutes muss also um $90,25$ Einheiten auf $x_2 = 159,25$ Einheiten erhöht werden. Die Kombinationen $(100; 69)$ und $(81; 159,25)$ liegen auf derselben Höhenlinie der Nutzenfunktion.

5.1.2 Homogenität

Für ökonomische Funktionen mit mehreren Variablen ist die **Homogenität** eine wichtige Eigenschaft. Sie untersucht, ob eine gleichmäßige Veränderung der Variablen eine gleichmäßige Änderung des Funktionswertes zur Folge hat.

Definition 5.1.2
Eine Funktion $f : \mathbb{R}^n \longrightarrow \mathbb{R}$ heißt **homogen vom Grad** $m \in \mathbb{R}$, wenn für jedes $a \in \mathbb{R}$ gilt

$$f(ax_1, \ldots, ax_n) = a^m f(x_1, \ldots, x_n).$$

Beispiel 5.1.4

1. Gegeben sei die Funktion $x(r_1, r_2) = r_1 r_2 + r_1^2 + r_2^2$. Dann ist
$$x(ar_1, ar_2) = (ar_1)(ar_2) + (ar_1)^2 + (ar_2)^2 == a^2 x(r_1, r_2).$$
Die Funktion ist also homogen vom Grad 2. Werden die Einsatzmengen der Faktoren um das a-fache erhöht, so erhöht sich die Produktionsmenge um das a^2-fache.

2. Gegeben sei die Funktion $x(r_1, r_2, r_3) = r_1 r_3^2 + r_1^2 + r_2 r_3$. Dann ist
$$x(ar_1, ar_2, ar_3) = a^3 r_1 r_3^2 + a^2 r_1^2 + a^2 r_2 r_3 = a^2(ar_1 r_3^2 + r_1^2 + r_2 r_3),$$
diese Funktion ist nicht homogen, da a nicht separiert werden kann.

3. Gegeben sei eine Cobb-Douglas-Funktion $x(r_1, \ldots, r_n) = cr_1^{\alpha_1} \cdots r_n^{\alpha_n}$. Dann ist
$$x(ar_1, \ldots, ar_n) = c(ar_1)^{\alpha_1} \cdots (ar_n)^{\alpha_n} = a^{\alpha_1 + \alpha_2 + \cdots + \alpha_n} cr_1^{\alpha_1} \cdots r_n^{\alpha_n}.$$
Jede Cobb-Douglas-Funktion ist homogen, der Homogenitätsgrad ergibt sich als Summe der Exponenten, $m = \alpha_1 + \alpha_2 + \cdots + \alpha_n$.

Für homogene Produktionsfunktionen geben **Skalenerträge** an, wie sich die Zunahme des Outputs verändert, wenn eine gleichmäßige Erhöhung sämtlicher Produktionsfaktoren erfolgt. Es wird unterschieden in:

- **konstante Skalenerträge**, diese ergeben sich bei einem Homogenitätsgrad von $m = 1$. Die Cobb-Douglas-Funktion $x(r_1, r_2) = r_1^{0.5} r_2^{0.5}$ ist homogen vom Grad 1, der Output steigt für alle $a \in \mathbb{R}$ porportional zur Erhöhung der Einsatzfaktoren. Die **Kammlinie** verläuft linear.

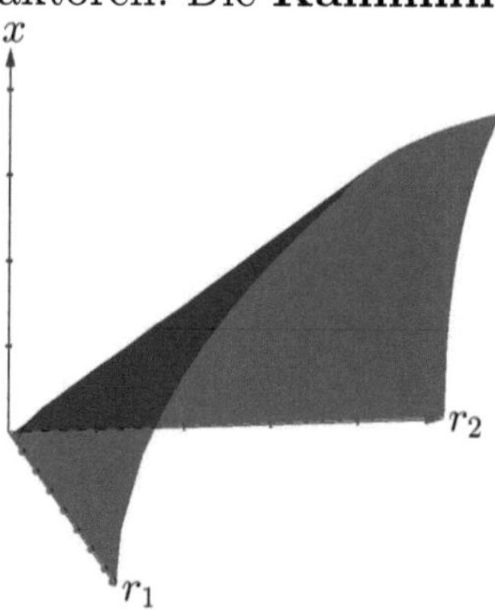

Die Grafik zeigt die Cobb-Douglas-Funktion $x(r_1, r_2) = r_1^{0.5} r_2^{0.5}$.

- **steigende Skalenerträge**, diese ergeben sich bei einem Homogenitätsgrad von $m > 1$. Die Cobb-Douglas-Funktion $x(r_1, r_2) = r_1^{0.75} r_2^{0.75}$ ist homogen vom Grad $1,5$, die Erhöhung des Outputs ist größer als die Erhöhung der Einsatzfaktoren, diese Entwicklung nimmt mit wachsendem a zu. Die Kammlinie verläuft progressiv.

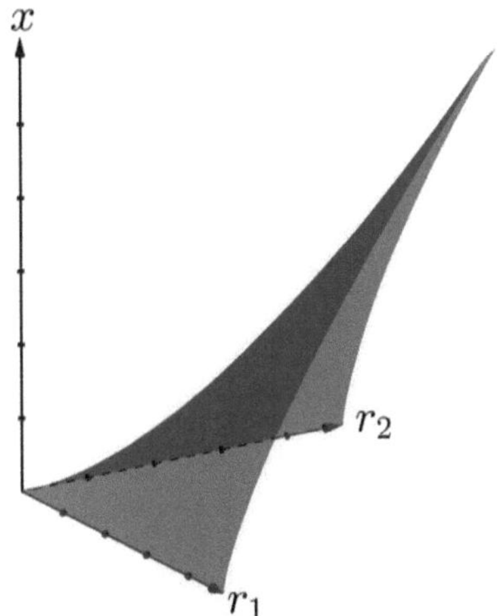

Die Grafik zeigt die Cobb-Douglas-Funktion $x(r_1, r_2) = r_1^{0.75} r_2^{0.75}$.

- **sinkende Skalenerträge**, diese ergeben sich für einen Homogenitätsgrad von $m < 1$. Die Cobb-Douglas-Funktion $x(r_1, r_2) = r_1^{0.25} r_2^{0.25}$ ist homogen vom Grad $0,5$, die Erhöhung des Outputs ist geringer als die Erhöhung der Einsatzfaktoren, mit wachsendem a nimmt der Zuwachs des Outputs immer weiter ab. Die Kammlinie verläuft in diesem Fall degressiv.

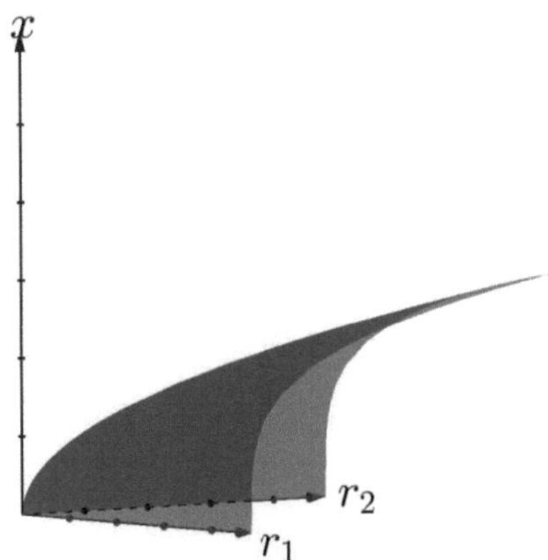

Die Grafik zeigt die Cobb-Douglas-Funktion $x(r_1, r_2) = r_1^{0.25} r_2^{0.25}$.

Aufgaben

Aufgabe 5.1.1

Skizzieren Sie für die Funktion $z = f(x, y) = -2x + 4y$ die Höhenlinien für $z = 1$ und $z = -3$.

Aufgabe 5.1.2

Peter mag Videospiele (V) und Gummibärchen (G). Der Nutzen, den er durch den Konsum beider Güter hat, sei gegeben durch

$$x(V, G) = \sqrt{16VG} - 2.$$

a) Welchen Nutzen hat Peter, wenn er 5 Videospiele spielt und 20 Gummibärchen isst?

b) Wie viel mehr Gummibärchen müsste Peter essen, um denselben Nutzen zu erzielen, wenn er ein Videospiel weniger spielt?

Aufgabe 5.1.3

Die Produktionsmenge eines Gutes hängt vom Einsatz der Produktionsfaktoren Kapital (K) und Rohstoffe (R) ab

$$x(K, R) = 15K^{\frac{1}{4}}R^{\frac{3}{4}}.$$

Der Rohstoffeinsatz soll verdoppelt werden. Um wie viel muss der Kapitaleinsatz erhöht werden, damit die vierfache Menge produziert wird?

Aufgabe 5.1.4

Gegeben sei die vom Grad 3 homogene Produktionsfunktion

$$x = 5r_1^{1,2}r_2^k.$$

a) Bestimmen Sie k.

b) Wie verändert sich die Produktionsmenge x, wenn die Einsatzmengen beider Faktoren verdoppelt werden?

Aufgabe 5.1.5

Sind die folgenden Funktionen homogen und falls ja, von welchem Grad?

a) $f(x_1, x_2, x_3) = x_1^2x_3 + x_2^3 + x_1^2x_2x_3$

b) $g(x_1, x_2) = \sqrt[5]{x_1^2x_2^3 + x_1x_2^4 + x_2^5}$

c) $h(x_1, x_2) = \frac{x_1^3x_2 + x_1x_2^3}{\sqrt{x_1^2 + x_1x_2}}$

5.2 Differenzierbarkeit

5.2.1 Partielle Ableitungen erster Ordnung

Für Funktionen mit einer Variablen gibt die erste Ableitung die Steigung der Funktion in einem Punkt an. Bei Funktionen mit mehreren unabhängigen Variablen ist diese Steigung nicht mehr eindeutig gegeben, sondern abhängig von der betrachteten Richtung. Dennoch können die Erkenntnisse für Funktionen mit einer Variablen auf Funktionen mit mehreren Variablen übertragen werden. Durch die bereits bekannte Grenzwertbildung des Differenzenquotienten können analog die partiellen Ableitungen für Funktionen mit mehreren unabhängigen Variablen bestimmt werden.

Definition 5.2.1
Gegeben sei eine Funktion $f : \mathbb{R}^n \longrightarrow \mathbb{R}$. Die Ableitung von $f(x_1, \ldots, x_n)$ an der Stelle $(x_1^*, \ldots, x_n^*)$ bezüglich x_i ist definiert als

$$f_{x_i}(x_1^*, \ldots, x_n^*) = \lim_{\Delta x_i \to 0} \frac{f(x_1^*, \ldots, x_i^* + \Delta x_i, \ldots, x_n^*) - f(x_1^*, \ldots, x_n^*)}{\Delta x_i}$$

und wird als **partielle Ableitung erster Ordnung von** $f(x_1, \ldots, x_n)$ **nach** x_i **an der Stelle** $(x_1^*, \ldots, x_n^*)$ bezeichnet. Existieren die partiellen Ableitungen für alle $(x_1, \ldots, x_n)$, so heißt die Funktion **partiell differenzierbar**. Der Vektor

$$\text{grad } f(x_1, \ldots, x_n) = \nabla f(x_1, \ldots, x_n) = \begin{pmatrix} f_{x_1}(x_1, \ldots, x_n) \\ \vdots \\ f_{x_n}(x_1, \ldots, x_n) \end{pmatrix}$$

heißt **Gradient** der Funktion $f(x_1, \ldots, x_n)$.

Der Gradient gibt die Richtung des steilsten Anstiegs an. Werden die Variablen entsprechend des Gradienten verändert, so steigt der Funktionswert stärker an als für jede andere Richtungsänderung.

Ökonomisch wird der Wert der partiellen Ableitung erster Ordnung in einem Punkt analog zu den Funktionen mit einer Variablen als Funktionswertänderung für eine Änderung der betrachteten unabhängigen Variablen um eine Einheit interpretiert.
Auch für Funktionen mit mehreren unabhängigen Variablen existieren Ableitungsregeln, um die partiellen Ableitungen zusammengesetzter Funktionen bestimmen zu können. Vereinfachend werden die n unabhängigen Variablen in dem Vektor $\mathbf{x} = (x_1, \ldots, x_n)^T$ zusammengefasst.

Satz 5.2.1
Für Funktionen $f, g : \mathbb{R}^n \longrightarrow \mathbb{R}$ und Skalare $r \in \mathbb{R}$ gelten:

1. **Summenregel**:

$$(f(\mathbf{x}) \pm g(\mathbf{x}))_{x_i} = f_{x_i}(\mathbf{x}) \pm g_{x_i}(\mathbf{x})$$

2. **Faktorregel**:

$$(r \cdot f(\mathbf{x}))_{x_i} = r \cdot f_{x_i}(\mathbf{x})$$

3. **Produktregel**:

$$(f(\mathbf{x}) \cdot g(\mathbf{x}))_{x_i} = f_{x_i}(\mathbf{x}) \cdot g(\mathbf{x}) + f(\mathbf{x}) \cdot g_{x_i}(\mathbf{x})$$

4. **Quotientenregel**:

$$\left(\frac{f(\mathbf{x})}{g(\mathbf{x})}\right)_{x_i} = \frac{f_{x_i}(\mathbf{x}) \cdot g(\mathbf{x}) - f(\mathbf{x}) \cdot g_{x_i}(\mathbf{x})}{(g(\mathbf{x}))^2}$$

5. **Kettenregel**:

$$(f(g(\mathbf{x})))_{x_i} = f_{x_i}(g(\mathbf{x})) \cdot g_{x_i}(\mathbf{x})$$

Die Verwendung der Bezeichnung x_i für die unabhängigen Variablen wird üblicherweise für Funktionen mit mehr als drei Variablen verwendet, bei zwei bzw. drei unabhängigen Variablen werden diese häufig mit x, y und z bezeichnet.

Um die partielle Ableitung bezüglich einer Variablen zu bestimmen, werden die übrigen Variablen jeweils konstant gehalten.

Beispiel 5.2.1

1. Gegeben sei die Funktion $f(x,y) = 4x^3+y^2$. Die partiellen Ableitungen erster Ordnung sind gegeben durch

$$\nabla f(x,y) = \begin{pmatrix} f_x(x,y) \\ f_y(x,y) \end{pmatrix} = \begin{pmatrix} 4 \cdot 3x^{3-1} \\ 2y^{2-1} \end{pmatrix} = \begin{pmatrix} 12x^2 \\ 2y \end{pmatrix}.$$

2. Gegeben sei die Funktion $f(x,y) = 3x^2 + xy + 5x^2y^3$. mithilfe der Summen- und der Faktorregel ergibt sich der Gradient zu

$$\nabla f(x,y) = \begin{pmatrix} 3 \cdot 2x^{2-1} + y + 5 \cdot 2x^{2-1}y^3 \\ x + 5 \cdot 3x^2y^{3-1} \end{pmatrix} = \begin{pmatrix} 6x + y + 10xy^3 \\ x + 15x^2y^2 \end{pmatrix}.$$

3. Gegeben sei die Funktion $f(x,y) = y \cdot e^{x^2+y}$. Die Produkt- und die Kettenregel führen auf

$$\nabla f(x,y) = \begin{pmatrix} y \cdot 2x \cdot e^{x^2+y} \\ 1 \cdot e^{x^2+y} + y \cdot 1 \cdot e^{x^2+y} \end{pmatrix} = \begin{pmatrix} 2xy \cdot e^{x^2+y} \\ (1+y) \cdot e^{x^2+y} \end{pmatrix}.$$

4. Gegeben sei die Funktion $f(x,y,z) = x \cdot \sin(yz) + \ln(xyz)$. Die Produkt-, die Summen- und die Kettenregel führen auf

$$\nabla f(x,y,z) = \begin{pmatrix} \sin(yz) + \frac{1}{xyz} \cdot yz \\ x \cdot \cos(yz) \cdot z + \frac{1}{xyz} \cdot xz \\ x \cdot \cos(yz) \cdot y + \frac{1}{xyz} \cdot xy \end{pmatrix} = \begin{pmatrix} \sin(yz) + \frac{1}{x} \\ xz \cdot \cos(yz) + \frac{1}{y} \\ xy \cdot \cos(yz) + \frac{1}{z} \end{pmatrix}.$$

5. Gegeben sei die Cobb-Douglas-Funktion $x(r_1,r_2) = c \cdot r_1^{\alpha} r_2^{\beta}$. Die partiellen Ableitungen erster Ordnung sind gegeben durch

$$x_{r_1}(r_1,r_2) = \alpha \cdot c \cdot r_1^{\alpha-1} r_2^{\beta} \text{ und } x_{r_2}(r_1,r_2) = \beta \cdot c \cdot r_1^{\alpha} r_2^{\beta-1}.$$

5.2.2 Partielle Ableitungen höherer Ordnung

Die partiellen Ableitungen erster Ordnung sind abermals Funktionen in n Variablen. Sie können somit partiell nach den unabhängigen Variablen differenziert werden. Auf diese Weise werden Ableitungen höherer Ordnung bestimmt.

Definition 5.2.2
Gegeben sei eine Funktion $f : \mathbb{R}^n \longrightarrow \mathbb{R}$ mit den partiellen Ableitungen $f_{x_i}(x_1, \ldots, x_n)$, $i = 1, \ldots, n$. Die partiellen Ableitungen von f_{x_i} nach x_j für $j = 1, \ldots, n$ heißen **partielle Ableitungen zweiter Ordnung** und werden mit

$$f_{x_i x_j}(x_1, \ldots, x_n) \text{ (kurz } f_{x_i x_j})$$

bezeichnet. Die Matrix

$$H_f(x_1, \ldots, x_n) = \begin{pmatrix} f_{x_1x_1} & f_{x_1x_2} & \cdots & f_{x_1x_n} \\ f_{x_2x_1} & f_{x_2x_2} & \cdots & f_{x_2x_n} \\ \vdots & \vdots & \ddots & \vdots \\ f_{x_nx_1} & f_{x_nx_2} & \cdots & f_{x_nx_n} \end{pmatrix}$$

wird als **Hessematrix** der Funktion $f(x_1, \ldots, x_n)$ bezeichnet.

Der nachfolgende **Satz von Schwarz** erleichtert die Bestimmung der Hessematrix. Die Voraussetzungen sind bei ökonomischen Fragestellungen in der Regel erfüllt.

Satz 5.2.2
Sind für eine zweimal differenzierbare Funktion $f : \mathbb{R}^n \longrightarrow \mathbb{R}$ die partiellen Ableitungen f_{x_i}, $i = 1, \ldots, n$, stetig, so ist die Reihenfolge der partiellen Ableitungen beliebig und es gilt

$$f_{x_i, x_j} = f_{x_j x_i}.$$

Für das nachfolgende Beispiel Nr. 1-5 beachte die partiellen Ableitungen erster Ordnung aus Beispiel *5.2.1*.

Beispiel 5.2.2

1. Gegeben sei die Funktion $f(x,y) = 4x^3 + y^2$. Die partiellen Ableitungen zweiter Ordnung sind gegeben durch

$$H_f(x,y) = \begin{pmatrix} f_{xx} & f_{xy} \\ f_{yx} & f_{yy} \end{pmatrix} = \begin{pmatrix} 24x & 0 \\ 0 & 2 \end{pmatrix}.$$

2. Gegeben sei die Funktion $f(x,y) = 3x^2 + xy + 5x^2y^3$. Die partiellen Ableitungen zweiter Ordnung sind gegeben durch

$$H_f(x,y) = \begin{pmatrix} 6x + 10y^3 & 1 + 30xy^2 \\ 1 + 30xy^2 & 30x^2y \end{pmatrix}.$$

3. Gegeben sei die Funktion $f(x,y) = y \cdot e^{x^2+y}$. Die Hessematrix ist gegeben durch

$$H_f(x,y) = \begin{pmatrix} (2y + 4x^2y) \cdot e^{x^2+y} & (2x + 2xy) \cdot e^{x^2+y} \\ 2x(1+y) \cdot e^{x^2+y} & (2+y) \cdot e^{x^2+y} \end{pmatrix}.$$

4. Gegeben sei die Funktion $f(x,y,z) = x \cdot \cos(yz) + \ln(xyz)$. Die partiellen Ableitungen zweiter Ordnung sind gegeben durch

$$H_f(x,y,z) = \begin{pmatrix} f_{xx} & f_{xy} & f_{xz} \\ f_{yx} & f_{yy} & f_{yz} \\ f_{zx} & f_{zy} & f_{zz} \end{pmatrix} =$$

$$\begin{pmatrix} -\frac{1}{x^2} & -z\sin(yz) & -y\sin(yz) \\ -z\sin(yz) & -xz^2\cos(yz) - \frac{1}{y^2} & -x\sin(yz) - xz^2\cos(yz) \\ -y\sin(yz) & -x\sin(yz) - xyz\cos(yz) & -xy^2\cos(yz) - \frac{1}{z^2} \end{pmatrix}.$$

5. Gegeben sei die Cobb-Douglas-Funktion $x(r_1, r_2) = c \cdot r_1^{\alpha} r_2^{\beta}$. Die partiellen Ableitungen zweiter Ordnung sind gegeben durch

   - $x_{r_1 r_1} = \alpha \cdot (\alpha - 1) \cdot c \cdot r_1^{\alpha-2} r_2^{\beta}$,
   - $x_{r_1 r_2} = \alpha \cdot \beta \cdot c \cdot r_1^{\alpha-1} r_2^{\beta-1} = x_{r_2 r_1}$ und
   - $x_{r_2 r_2} = \beta \cdot (\beta - 1) \cdot c \cdot r_1^{\alpha} r_2^{\beta-2}$

6. Gegeben sei die Funktion $f(x, y) = ln(2x + y^2)$. Die partiellen Ableitungen erster Ordnung ergeben sich mithilfe der Kettenregel zu

$$f_x(x, y) = \frac{2}{2x + y^2} \text{ und } f_y(x, y) = \frac{2y}{2x + y^2}.$$

   Weiteres Differenzieren mithilfe der Quotientenregel führt auf die partiellen Ableitungen zweiter Ordnung. Es ist

   - $f_{xx}(x, y) = \frac{0 \cdot (2x+y^2) - 2 \cdot 2}{(2x+y^2)^2} = -\frac{4}{(2x+y^2)^2}$,
   - $f_{xy}(x, y) = \frac{0 \cdot (2x+y^2) - 2 \cdot 2y}{(2x+y^2)^2} = -\frac{4y}{(2x+y^2)^2} = f_{yx}(x, y)$ und
   - $f_{yy}(x, y) = \frac{2 \cdot (2x+y^2) - 2y \cdot 2y}{(2x+y^2)^2} = \frac{4x - 2y^2}{(2x+y^2)^2}$.

Partielle Ableitungen höherer als zweiter Ordnung werden durch weiteres partielles Ableiten gebildet. In den Wirtschaftswissenschaften sind zumeist nur die partiellen Ableitungen erster und zweiter Ordnung von Interesse.

Aufgaben

Aufgabe 5.2.1 Bestimmen Sie die partiellen Ableitungen erster Ordnung der Funktionen.

a) $f(x,y) = 3x^2 - xy + xy^2 - y^3$.

b) $f(x,y,z) = \cos(xz) + x^2y^3z^2$.

c) $f(x,y) = x^2e^{2x-2y}$.

d) $f(x_1,x_2,x_3,x_4) = x_1^2x_3x_4 + \sqrt{x_1x_2^2x_4} + x_2x_3^3$.

Aufgabe 5.2.2 Bestimmen Sie den Gradienten der Funktionen.

a) $f(x,y) = xy + \ln(x^2y)$.

b) $f(x,y,z) = xy^2 + \sin(xy^2z^3)$.

c) $f(x,y) = \frac{x^2+y^2}{x+y}$.

c) $x(r_1,r_2) = 4r_1^{0.7}r_2^{0.5}$.

Aufgabe 5.2.3 Bestimmen Sie die partiellen Ableitungen zweiter Ordnung der Funktionen.

a) $f(x,y) = x^3 - 2x^2y + x^2y^2 + 2y^2$.

b) $f(x,y,z) = \sqrt{x^2y^3z}$.

c) $f(x,y) = (x+y)e^{x^2+3y}$.

d) $f(x,y) = \frac{xy}{x+y}$.

Aufgabe 5.2.4 Bestimmen Sie die Hessematrix der Funktionen.

a) $f(x,y) = \ln(x^2+y^2)$.

b) $f(x,y,z) = \sqrt{xyz} + xyz$.

c) $x(r_1,r_2) = 8r_1^{1.2}r_2^{0.8}$.

5.3 Anwendungen der Differentialrechnung II

5.3.1 Das Differential

Auch für Funktionen mit mehreren unabhängigen Variablen soll die Änderung des Funktionswertes, welcher sich für eine Veränderung der unabhängigen Variablen ergibt, geschätzt werden. Für eine Funktion mit zwei unabhängigen Variablen stellen die partiellen Ableitungen Tangenten an die Funktion dar. Das **partielle Differential** schätzt die Veränderung des Funktionswertes für den Fall, dass eine einzelne Variable x_i um Δx_i verändert wird. Dies ist das Äquivalent zum Differential der Funktionen mit einer unabhängigen Variablen.
Für Funktionen mit zwei unabhängigen Variablen spannen die beiden Tangenten eine **Tangentialebene** auf.

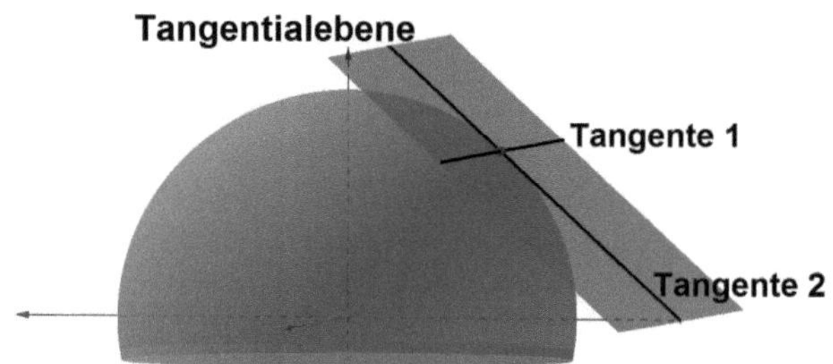

Die Schätzung der Funktionswertänderung mithilfe des **totalen Differentials** entspricht für Funktionen mit zwei unabhängigen Variablen der Näherung der Funktion durch die Tangentialebene. Das totale Differential schätzt für mehrdimensionale Funktionen die Funktionswertänderung bei gleichzeitiger Änderung aller unabhängigen Variablen x_i um Werte Δx_i, $i = 1, \ldots, n$. Die Werte Δx_i können sich dabei voneinander unterscheiden.

Definition 5.3.1
Gegeben sei die Funktion $f(x_1, \ldots, x_n)$ mit den partiellen Ableitungen f_{x_i}, $i = 1, \ldots, n$. Das **partielle Differential bezüglich** x_i ist gegeben durch

$$f_{x_i}(x_1 \ldots, x_n) \cdot \Delta x_i.$$

Das **totale Differential** ist gegeben durch

$$df = f_{x_1}(x_1, \ldots, x_n) \cdot \Delta x_1 + \cdots + f_{x_n}(x_1, \ldots, x_n) \cdot \Delta x_n.$$

Beispiel 5.3.1

1. Für die Funktion $f(x, y) = -2x^2+xy^3-e^x y$ sei die Änderung des Funktionswertes an der Stelle $x = 1, y = -1$ für die geplanten Änderungen in Höhe von $\Delta x = 0,2$ und $\Delta y = -0,1$ gesucht. Die genaue Änderung des Funktionswertes beträgt $f(1,2; -1,1) - f(1, -1) \approx -0,54$.
Wird diese Änderung mithilfe des totalen Differentials geschätzt, so werden zunächst die partiellen Ableitungen erster Ordnung benötigt:
$$f_x(x, y) = -4x + y^3 - e^x y \text{ und } f_y(x, y) = 3xy^2 - e^x.$$
Sodann ergibt sich eine näherungsweise Änderung in Höhe von
$$df = f_x(1, -1) \cdot 0,2 + f_y(1, -1) \cdot (-0,1) \approx -0,484.$$
Der entstehende Fehler resultiert daraus, dass die Tangentialebene als Näherung an die Funktion betrachtet wird. Je größer die Werte Δx_i betraglich sind, umso schlechter wird die Schätzung mithilfe des totalen Differentials die tatsächliche Funktionswertänderung widerspiegeln, da die Tangentialebene nur in einer kleinen Umgebung des betrachteten Punktes eine gute Näherung an die Funktion ist.

2. Gegeben sei die Produktionsfunktion $x = x(r_1, r_2) = 3r_1^3 r_2^{0,5}$. Die partiellen Grenzproduktivitäten sind gegeben durch
$$x_{r_1} = 9r_1^2 r_2^{0,5} \text{ und } x_{r_2} = 1,5r_1^3 r_2^{-0,5}.$$
   - Wird die Faktoreinsatzmenge des Rohstoffs 1, ausgehend von 10 Einheiten, um eine Einheit erhöht, so ergibt sich für $r_2 = 121$ eine näherungsweise Outputerhöhung von
   $$dx = x_{r_1}(10, 121) \cdot 1 = 9 \cdot 100 \cdot 11 = 9.900 \text{ Einheiten.}$$
   - Wird die Faktoreinsatzmenge des Rohstoffs 2, ausgehend von 121 Einheiten, um eine Einheit erhöht, so ergibt sich für $r_1 = 10$ eine näherungsweise Outputerhöhung von
   $$dx = x_{r_2}(10, 121) \cdot 1 = 1,5 \cdot 1000 \cdot \frac{1}{11} = 136,\bar{36} \text{ Einheiten.}$$
   - Werden die Faktoreinsatzmengen von Rohstoff 1 um 5 Einheiten sowie für Rohstoff 2 um 10 Einheiten, ausgehend von $r_1 = 10$ und $r_2 = 121$, erhöht, so erhöht sich das Produktionsvolumen um näherungsweise
   $$dx = x_{r_1}(10, 121) \cdot 5 + x_{r_2}(10, 121) \cdot 10 \approx 50.863,63 \text{ Einheiten.}$$

Grenzrate der Substitution

Das Differential Δf schätzt die Funktionswertänderung, falls die unabhängigen Variablen verändert werden. Regelmäßig besteht ein Interesse daran, ein **Substitutionsverhältnis** der Einsatzfaktoren zu bestimmen. Dabei soll sich der Funktionswert, also beispielsweise die Produktionsmenge, nicht verändern. Dies entspricht der Gleichung

$$df = 0 \leftrightarrow f_{x_1}\Delta x_1 + \cdots + f_{x_n}\Delta x_n = 0,$$

für zwei unabhängige Variablen also der Gleichung

$$f_x(x,y)\Delta x + f_y(x,y)\Delta y = 0.$$

Umstellen dieser Gleichung führt auf

$$\frac{\Delta x}{\Delta y} = -\frac{f_y(x,y)}{f_x(x,y)} \text{ bzw. } \frac{\Delta y}{\Delta x} = -\frac{f_x(x,y)}{f_y(x,y)}.$$

Dieses Verhältnis wird als **Grenzrate der Substitution** bezeichnet. Es beschreibt das Substitutionsverhältnis der Einsatzfaktoren, also wie viele Einheiten des einen Einsatzfaktors eingespart werden können, wenn eine Einheit des anderen Einsatzfaktors zusätzlich eingesetzt wird, ohne, dass sich der Funktionswert ändert. Auf diese Weise ergibt sich eine Möglichkeit zur Kosteneinsparung.

Beispiel 5.3.2

1. Gegeben sei die Produktionsfunktion $x(r_1, r_2) = \sqrt{r_1}r_2^{0,7} + r_1r_2$. Die partiellen Grenzproduktivitäten ergeben sich zu

$$x_{r_1} = \frac{r_2^{0,7}}{2\sqrt{r_1}} + r_2 \text{ und } x_{r_2} = 0,7\sqrt{r_1}r_2^{-0,3} + r_1.$$

Somit ergibt sich die Grenzrate der Substitution zu

$$\frac{\Delta r_1}{\Delta r_2} = -\frac{0,7\sqrt{r_1}r_2^{-0,3} + r_1}{\frac{r_2^{0,7}}{2\sqrt{r_1}} + r_2} \text{ bzw. } \frac{\Delta r_2}{\Delta r_1} = -\frac{\frac{r_2^{0,7}}{2\sqrt{r_1}} + r_2}{0,7\sqrt{r_1}r_2^{-0,3} + r_1}.$$

Werden derzeit beispielsweise $r_1 = 9$ und $r_2 = 1$ Einheiten eingesetzt, so ergibt sich

$$\frac{\Delta r_1}{\Delta r_2} \approx -9,51 \text{ bzw. } \frac{\Delta r_2}{\Delta r_1} \approx -0,11.$$

Somit können von Einsatzfaktor 1 ca. 9,5 Einheiten eingespart werden, wenn eine zusätzliche Einheit von Einsatzfaktor 2 eingesetzt wird, ohne dass sich die Produktionsmenge ändert.
Zu beachten ist hier, dass derzeit nur 9 Einheiten von Faktor 1 eingesetzt werden, somit kann das Substitutionsverhältnis nur begrenzt ausgenutzt werden.
Umgekehrt kann von Einsatzfaktor 2 ca. eine Zehnteleinheit eingespart werden, wenn von Faktor 1 eine zusätzliche Einheit eingesetzt würde, ohne dass sich die Produktionsmenge ändert. Ist Faktor 2 hochpreisig, Faktor 1 dagegen günstig im Einkauf, so lohnt sich eine solche Substitution.

2. Gegeben sei die Cobb-Douglas-Funktion $x(r_1, r_2) = cr_1^\alpha r_2^\beta$. Die partiellen Ableitungen erster Ordnung sind gegeben durch

$$x_{r_1} = \alpha c r_1^{\alpha-1} r_2^\beta \text{ und } x_{r_2} = \beta c r_1^\alpha r_2^{\beta-1}.$$

Daher ergibt sich die Grenzrate der Substitution für Cobb-Douglas-Funktionen zu

$$\frac{\Delta r_1}{\Delta r_2} = -\frac{\beta c r_1^\alpha r_2^{\beta-1}}{\alpha c r_1^{\alpha-1} r_2^\beta} = -\frac{\beta}{\alpha} r_1 r_2^{-1} \text{ bzw. } \frac{\Delta r_2}{\Delta r_1} = -\frac{\alpha c r_1^{\alpha-1} r_2^\beta}{\beta c r_1^\alpha r_2^{\beta-1}} = -\frac{\alpha}{\beta} r_1^{-1} r_2.$$

3. Gegeben sei die Cobb-Douglas-Funktion $x(r_1, r_2) = 5r_1^2\sqrt{r_2}$. Nach dem vorhergehenden Beispiel ergibt sich die Grenzrate der Substitution zu

$$\frac{\Delta r_1}{\Delta r_2} = -\frac{0,5}{2} r_1 r_2^{-1} = -\frac{1}{4} r_1 r_2^{-1} \text{ bzw. } \frac{\Delta r_2}{\Delta r_1} = -\frac{2}{0,5} r_1^{-1} r_2 = -4r_1^{-1} r_2.$$

Werden derzeit beispielsweise $r_1 = 10$ und $r_2 = 36$ Einheiten der Einsatzfaktoren eingesetzt, so ergibt sich zum Einen ein Nutzenniveau in Höhe von $x(10, 36) = 3.000$ Mengeneinheiten und zum Anderen eine Grenzrate der Substitution in Höhe von

$$\frac{\Delta r_1}{\Delta r_2} = -\frac{5}{12} \text{ bzw. } \frac{\Delta r_2}{\Delta r_1} = -2,4.$$

Von Rohstoff 1 können also $\frac{5}{12}$ Mengeneinheiten eingespart werden, falls von Rohstoff 2 eine Mengeneinheit mehr eingesetzt wird. Von Rohstoff 2 sind dagegen 2,4 Mengeneinheiten durch eine Mengeneinheit von Rohstoff 1 ersetzbar.

5.3.2 Die partielle Elastizität

Die partielle Elastizität wird analog zur Elastizität einer Funktion mit einer unabhängigen Variablen definiert.

Definition 5.3.2
Gegeben sei eine Funktion $f: \mathbb{R}^n \longrightarrow \mathbb{R}$ mit den partiellen Ableitungen f_{x_i}. Die **partielle Elastizität von** $f(x_1, \ldots, x_n)$ **in Bezug auf** x_i, $i = 1, \ldots, n$, ist gegeben durch

$$\varepsilon_{fx_i} = f_{x_i}(x_1, \ldots, x_n) \frac{x_i}{f(x_1, \ldots, x_n)}.$$

Der Wert der partiellen Elastizität drückt aus, wie sich der Funktionswert $f(x_1, \ldots, x_n)$ **prozentual** näherungsweise ändert, wenn die unabhängige Variable x_i um 1% erhöht wird und alle x_j mit $j \neq i$ unverändert bleiben. Wie in Bemerkung *3.2.2* beschrieben, werden auch die partiellen Elastizitäten in (vollkommen) elastisch bzw. unelastisch unterschieden.

Beispiel 5.3.3

1. Gegeben sei die Funktion $f(x, y) = x^2 - 3x^2y^2 + 2y^2$. Die partiellen Ableitungen sind gegeben durch

$$f_x(x, y) = 2x - 6xy^2 \text{ und } f_y(x, y) = -6x^2y + 4y,$$

daher sind die partiellen Elastizitätsfunktionen gegeben durch

$$\varepsilon_{fx}(x, y) = \frac{2x^2 - 6x^2y^2}{x^2 - 3x^2y^2 + 2y^2} \text{ bzw. } \varepsilon_{fy}(x, y) = \frac{-6x^2y^2 + 4y^2}{x^2 - 3x^2y^2 + 2y^2}.$$

2. Gegeben sei die Cobb-Douglas-Funktion $x(r_1, r_2) = cr_1^\alpha r_2^\beta$. Die partiellen Ableitungen sind bereits bekannt als

$$x_{r_1} = \alpha c r_1^{\alpha-1} r_2^\beta \text{ und } x_{r_2} = \beta c r_1^\alpha r_2^{\beta-1}.$$

Die partiellen Elastizitäten sind daher gegeben durch

$$\varepsilon_{xr_1} = \alpha c r_1^{\alpha-1} r_2^\beta \frac{r_1}{cr_1^\alpha r_2^\beta} = \alpha \text{ bzw. } \varepsilon_{xr_2} = \beta c r_1^\alpha r_2^{\beta-1} \frac{r_2}{cr_1^\alpha r_2^\beta} = \beta.$$

Für Cobb-Douglas-Funktionen sind die partiellen Elastizitäten unabhängig von der betrachteten Stelle konstant.

Kreuzpreiselastizitäten

Die partielle Elastizität hat für Preis-Absatz-Funktionen eine besondere Bedeutung. Um Wechselbeziehungen zwischen Preis und Nachfrage verschiedener Produkte bewerten zu können, werden **Kreuzpreiselastizitäten** betrachtet.

Definition 5.3.3
Für Nachfragefunktionen $x_i : \mathbb{R}^n \longrightarrow \mathbb{R}$, $i = 1, \ldots, n$ sind

- **Kreuzpreiselastizitäten** definiert als

$$\varepsilon_{x_i p_j} = x_{i_{p_j}} \cdot \frac{p_j}{x_i(p_1, \ldots, p_n)}, i \neq j$$

und

- **direkte Elastizitäten** definiert als

$$\varepsilon_{x_i p_i} = x_{i_{p_i}} \cdot \frac{p_i}{x_i(p_1, \ldots, p_n)}.$$

Die direkten Elastizitäten untersuchen die direkte Beziehung zwischen Preiserhöhung und Nachfrage, bezogen auf dasselbe Gut. Die Kreuzpreiselastizitäten beschreiben, in welchem Maße der Konsument bei Preisänderungen zwischen Produkten zu wechseln bereit ist, sie werden gemäß der nachfolgenden Definition weiter differenziert.

Definition 5.3.4
Gegeben seien Nachfragefunktionen $x_i : \mathbb{R}^n \longrightarrow \mathbb{R}$, $i = 1, \ldots, n$ mit den Kreuzpreiselastizitäten $\varepsilon_{x_i p_j}$. Die Produkte heißen

- **substitutiv**, wenn $\varepsilon_{x_i p_j} > 0$ für **alle** $i \neq j$,
- **komplementär**, wenn $\varepsilon_{x_i p_j} < 0$ für **alle** $i \neq j$,
- **unabhängig**, wenn $\varepsilon_{x_i p_j} = 0$ für **alle** $i \neq j$.

Für Produkte mit positiven Kreuzpreiselastizitäten steigt die Nachfrage nach einem Gut, wenn der Preis eines anderen Gutes erhöht wird. Der Konsument weicht bei einer Preiserhöhung auf ein ähnliches Produkt aus, er substituiert das teuerere Produkt. Ein Beispiel für substitutive Produkte sind beispielsweise Butter und Margarine oder verschiedene Kosmetikprodukte wie beispielsweise Duschgel verschiedener Marken.
Für Produkte mit negativen Kreuzpreiselastizitäten sinkt die Nachfrage nach einem Gut, wenn der Preis eines anderen Gutes erhöht wird. Der Konsument kann die Produkte nicht durcheinander substituieren, da sie entweder gemeinsam oder gar nicht gekauft werden. Ein Beispiel für komplementäre Produkte sind beispielsweise Autos und Felgen.
Diese Zusammenhänge sind stets zu plausibilisieren; mathematisch kann sich bei Betrachtung der entsprechenden Funktionen ein Zusammenhang zwischen Butter und Autos ergeben, tatsächlich sind diese Güter natürlich unabhängig voneinander.

Beispiel 5.3.4

1. Gegeben seien Nachfragefunktionen

   - $x_1(p_1, p_2) = 2.000 - 3p_1 + 4p_2$ für die Nachfrage nach Plasma-TV-Geräten und
   - $x_2(p_1, p_2) = 2.500 + 5p_1 - 2p_2$ für die Nachfrage nach LCD-TV-Geräten.

   Der derzeitige Preis betrage $p_1 = 1.000$ EUR für ein Plasma-TV-Gerät und $p_2 = 1.500$ EUR für ein LCD-TV-Gerät.
   Die Kreuzpreiselastizitäten sind gegeben durch

   - $\varepsilon_{x_1p_2} = 4\frac{p_2}{2.000-3p_1+4p_2}$, also $\varepsilon_{x_1p_2}(1.000, 1.500) = 1,2$ und
   - $\varepsilon_{x_2p_1} = 5\frac{p_1}{2.500+5p_1-2p_2}$, also $\varepsilon_{x_2p_1}(1.000, 1.500) \approx 1,1$.

   Die Produkte sind somit substitutiv, wird ein Gerät zu teuer, weicht der Konsument auf das andere Gerät aus.
   Dabei steigt die Nachfrage nach Plasma-TV-Geräten um 1,2%, falls der derzeitige Preis für LCD-TV-Geräte um 1% erhöht wird. Steigt dagegen der aktuelle Preis für LCD-TV-Geräte um 1%, so steigt die Nachfrage nach Plasma-TV-Geräten um 1,1%.

Die direkten Elastizitäten sind gegeben durch

- $\varepsilon_{x_1p_1} = -3\frac{p_1}{2.000-3p_1+4p_2}$, also $\varepsilon_{x_1p_1}(1.000, 1.500) = -0,6$ und
- $\varepsilon_{x_2p_2} = -2\frac{p_2}{2.500+5p_1-2p_2}$, also $\varepsilon_{x_2p_2}(1.000, 1.500) \approx -0,67$.

Wird der aktuelle Preis für Plasma-TV-Geräte um 1% erhöht, so sinkt die Nachfrage nach selbigen um 0,6%. Steigt dagegen der derzeitige Preis für LCD-TV-Geräte um 1%, so sinkt die Nachfrage nach LCD-TV-Geräten um 0,67%.

2. Gegeben seien Nachfragefunktionen

- $x_1(p_1, p_2) = 1.000 - 2p_1 - 4p_2$ für die Nachfrage nach Fahrrädern und
- $x_2(p_1, p_2) = 1.500 - 3p_1 - p_2$ für die Nachfrage nach Fahrradreifen.

Derzeit betrage der Preis $p_1 = 250$ EUR für ein Fahrrad und $p_2 = 15$ EUR für einen Fahrradreifen. Die Kreuzpreiselastizitäten sind gegeben durch

- $\varepsilon_{x_1p_2} = -2\frac{p_2}{1.000-2p_1-4p_2}$, also $\varepsilon_{x_1p_2}(250, 15) \approx -0,136$ und
- $\varepsilon_{x_2p_1} = -3\frac{p_1}{1.500-3p_1-p_2}$, also $\varepsilon_{x_2p_1}(250, 15) \approx -1,02$.

Die Produkte sind somit komplementär. Die Nachfrage nach Fahrrädern sinkt um 0,136%, falls der derzeitige Preis für Fahrradreifen um 1% erhöht wird. Steigt dagegen der aktuelle Preis für Fahrräder um 1%, so sinkt die Nachfrage nach Fahrradreifen um 1,02%.
Die direkten Elastizitäten sind gegeben durch

- $\varepsilon_{x_1p_1} = -2\frac{p_1}{1.000-2p_1-4p_2}$, also $\varepsilon_{x_1p_1}(250, 15) = -1,136$ und
- $\varepsilon_{x_2p_2} = -1\frac{p_2}{1.500-3p_1-p_2}$, also $\varepsilon_{x_2p_2}(250, 15) \approx -0,02$.

Wird der aktuelle Preis für Fahrräder um 1% erhöht, so sinkt die Nachfrage nach selbigen um 1,136%. Steigt dagegen der derzeitige Preis für Fahrradreifen um 1%, so sinkt die Nachfrage nach Fahrradreifen um 0,02%.

Unabhängige Produkte ergeben sich mathematisch nur dann, wenn jeweils die übrigen Variablen nicht in der Nachfragefunktion vorkommen und daher die entsprechende partielle Ableitung Null wird.

5.3.3 Extremwerte ohne Nebenbedingung

Ein besonderes Interesse besteht auch für mehrdimensionale Funktionen an der Bestimmung von Extremwerten. Zunächst werden Extremwerte ohne Nebenbedingungen betrachtet. Im nächsten Abschnitt werden Verfahren zur Bestimmung von Extremwerten unter Nebenbedingungen vorgestellt.

Definition 5.3.5
Gegeben sei eine Funktion $f : D_f \subset \mathbb{R}^n \longrightarrow \mathbb{R}$. Die Funktion $f(x_1, \ldots, x_n)$ besitzt an der Stelle $(x_1^*, \ldots, x_n^*)$ ein

- **lokales Minimum**, wenn für alle $(x_1, \ldots, x_n)$ in einer Umgebung von $(x_1^*, \ldots, x_n^*)$ gilt
$$f(x_1, \ldots, x_n) > f(x_1^*, \ldots, x_n^*).$$
- **lokales Maximum**, wenn für alle $(x_1, \ldots, x_n)$ in einer Umgebung von $(x_1^*, \ldots, x_n^*)$ gilt
$$f(x_1, \ldots, x_n) < f(x_1^*, \ldots, x_n^*).$$

Gelten diese Bedingungen auf ganz D_f, so besitzt die Funktion in $(x_1^*, \ldots, x_n^*)$ ein **globales Minimum** bzw. **globales Maximum**.

Auch für mehrdimensionale Funktionen gliedert sich die Untersuchung auf Extremwerte in die **notwendige** und die **hinreichende Bedingung**.

Satz 5.3.1
Gegeben sei eine Funktion $f : \mathbb{R}^n \longrightarrow \mathbb{R}$ mit den stetigen partiellen Ableitungen $f_{x_1}, \ldots, f_{x_n}$. Notwendig für die Existenz eines Extremwertes an der Stelle $(x_1^*, \ldots, x_n^*)$ ist die folgende Bedingung:

$$\nabla f(x_1^*, \ldots, x_n^*) = \begin{pmatrix} f_{x_1}(x_1, \ldots, x_n) \\ \vdots \\ f_{x_n}(x_1, \ldots, x_n) \end{pmatrix} = \begin{pmatrix} 0 \\ \vdots \\ 0 \end{pmatrix}.$$

Für die hinreichende Bedingung ist noch ein wenig Vorarbeit nötig.

Definition 5.3.6
Für eine quadratische Matrix $A \in \mathbb{R}^{n \times n}$ heißen

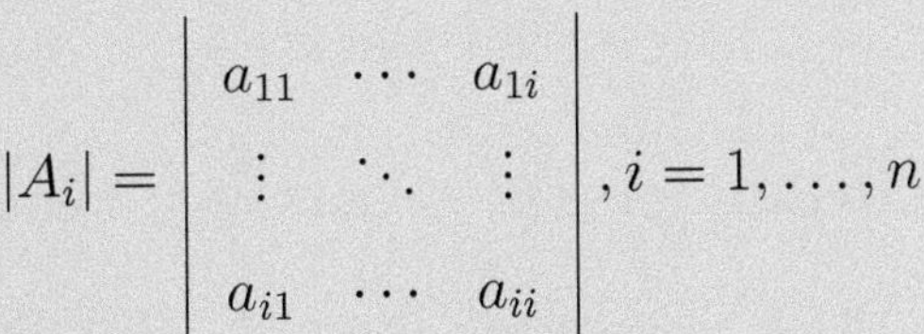

$$|A_i| = \begin{vmatrix} a_{11} & \cdots & a_{1i} \\ \vdots & \ddots & \vdots \\ a_{i1} & \cdots & a_{ii} \end{vmatrix}, i = 1, \ldots, n$$

Hauptunterdeterminanten von A.

Beispiel 5.3.5

Die Matrix $A = \begin{pmatrix} 1 & 3 & -1 \\ 2 & 1 & -2 \\ 0 & 1 & 2 \end{pmatrix}$ besitzt die Hauptunterdeterminanten

- $|A_1| = |1| = 1,$
- $|A_2| = \begin{vmatrix} 1 & 3 \\ 2 & 1 \end{vmatrix} = -5$ und
- $|A_3| = \begin{vmatrix} 1 & 3 & -1 \\ 2 & 1 & -2 \\ 0 & 1 & 2 \end{vmatrix} = -10.$

Das nachfolgende **Hurwitz-Kriterium** gilt für symmetrische Matrizen. Da nach dem Satz von Schwarz die Hessematrix für Funktionen mit stetigen partiellen Ableitungen symmetrisch ist, kann das Hurwitz-Kriterium in den meisten Fällen auf die Hessematrix angewandt werden.

Satz 5.3.2
Für eine symmetrische Matrix $A \in \mathbb{R}^{n \times n}$ gilt

- A ist **positiv definit** ($A \succ 0$) genau dann, wenn

$$|A_i| > 0 \text{ für alle } i = 1, \dots, n.$$

- A ist **negativ definit** ($A \prec 0$) genau dann, wenn

$$|A_i| < 0 \text{ für ungerades } i \text{ und } |A_i| > 0 \text{ für gerades } i.$$

- A ist **indefinit**, falls weder $|A_i| \geq 0$ für alle i noch $|A_i| \leq 0$ für ungerades i, $|A_i| \geq 0$ für gerades i.

Die Definitheit von Matrizen kann auch mithilfe der Bestimmung der Eigenwerte nach der Gleichung $|A - \lambda I| = 0$ überprüft werden. Sind alle Eigenwerte positiv, so ist die Matrix A positiv definit ($A \succ 0$), sind alle Eigenwerte negativ, so ist A negativ definit ($A \prec 0$). Existieren sowohl positive als auch negative Eigenwerte, so ist die Matrix indefinit. Da für ökonomische Fragestellungen die Hessematrix üblicherweise symmetrisch ist, beschränkt sich die Betrachtung hier auf die Überprüfung des Hurwitz-Kriteriums.

Satz 5.3.3
Für eine Funktion $f : \mathbb{R}^n \longrightarrow \mathbb{R}$ sind folgende Bedingungen hinreichend für einen Extremwert an der Stelle $(x_1^*, \dots, x_n^*)$:

1. **notwendige Bedingung**: $\nabla f(x_1^*, \dots, x_n^*) = \mathcal{O}$
2. **hinreichende Bedingung**:
   - Falls $H_f(x_1^*, \dots, x_n^*) \succ 0$, so liegt ein **Minimum** vor.
   - Falls $H_f(x_1^*, \dots, x_n^*) \prec 0$, so liegt ein **Maximum** vor.

Bemerkung 5.3.1
Falls $H_f(x_1^*, \dots, x_n^*)$ indefinit ist, so liegt ein Sattelpunkt vor.

Bemerkung 5.3.2
Für Funktionen $f : \mathbb{R}^2 \longrightarrow \mathbb{R}$ entsprechen die notwendige und hinreichende Bedingung für einen Extremwert an der Stelle (x^*, y^*) den folgenden.

- **notwendige Bedingung**:

$$f_x(,x,y) = 0 \text{ und } f_y(x,y) = 0.$$

- **hinreichende Bedingung**:

$$|H_f(x^*,y^*)| = \begin{vmatrix} f_{xx} & f_{xy} \\ f_{yx} & f_{yy} \end{vmatrix} = f_{xx}(x^*,y^*) \cdot f_{yy}(x^*,y^*) - f_{xy}^2(x^*,y^*) > 0$$

  - Gilt $f_{xx}(x^*,y^*) > 0$, so liegt ein **Minimum** vor.
  - Gilt $f_{xx}(x^*,y^*) < 0$, so liegt ein **Maximum** vor.

Beispiel 5.3.6

1. Gegeben sei die Funktion $f(x,y) = -\frac{1}{3}x^3 + x + x^2y - xy^2 + y^3 + y^2 - 5y$. Die notwendige Bedingung ist gegeben durch

$$\nabla f(x,y) = \begin{pmatrix} -x^2 + 2xy - y^2 + 1 \\ x^2 - 2xy + 3y^2 + 2y - 5 \end{pmatrix} = \begin{pmatrix} 0 \\ 0 \end{pmatrix}.$$

Dieses nichtlineare Gleichungssystem besteht aus zwei Gleichungen. Werden diese addiert, so ergibt sich $2y^2 + 2y - 4 = 0$, die pq-Formel führt für y auf die Lösungen $y_{1,2} = -\frac{1}{2} \pm \sqrt{\frac{1}{2} + \frac{8}{4}}$, also $y_1 = -2$ und $y_2 = 1$. Wird $y = -2$ in die erste Gleichung eingesetzt, so ergibt sich $-x^2 - 4x - 3 = 0$, also $x_{11} = -3$ und $x_{12} = -1$. Wird $y = 1$ in die erste Gleichung eingesetzt, so ergibt sich $-x^2 + 2x = 0$, also die Lösungen $x_{21} = 0$ und $x_{22} = 2$. Mögliche Extremstellen sind daher

   (a) $(x_1, y_1) = (-3, -2)$,
   (b) $(x_2, y_2) = (-1, -2)$,
   (c) $(x_3, y_3) = (0, 1)$ und
   (d) $(x_4, y_4) = (2, 1)$.

Die Hessematrix ergibt sich zu

$$H_f(x,y) = \begin{pmatrix} -2x+2y & 2x-2y \\ 2x-2y & -2x+6y+2 \end{pmatrix}.$$

Einsetzen der möglichen Extremstellen führt auf

(a) $|H_f(-3,-2)| = \begin{vmatrix} 2 & -2 \\ -2 & -4 \end{vmatrix} = -12 < 0$, die Funktion besitzt an der Stelle $(-3,-2)$ einen Sattelpunkt.

(b) $|H_f(-1,-2)| = \begin{vmatrix} -2 & 2 \\ 2 & -8 \end{vmatrix} = 12 > 0$, da $f_{xx}(-1,-2) = -2 < 0$, besitzt die Funktion an der Stelle $(-1,-2)$ ein Maximum.

(c) $|H_f(0,1)| = \begin{vmatrix} 2 & -2 \\ -2 & 8 \end{vmatrix} = 12 < 0$, da $f_{xx}(0,1) = 2 > 0$, besitzt die Funktion an der Stelle $(0,1)$ ein Minimum.

(d) $|H_f(2,1)| = \begin{vmatrix} -2 & 2 \\ 2 & 4 \end{vmatrix} = -12 < 0$, die Funktion besitzt an der Stelle $(2,1)$ einen Sattelpunkt.

Die nachfolgende Grafik zeigt die betrachtete Funktion.

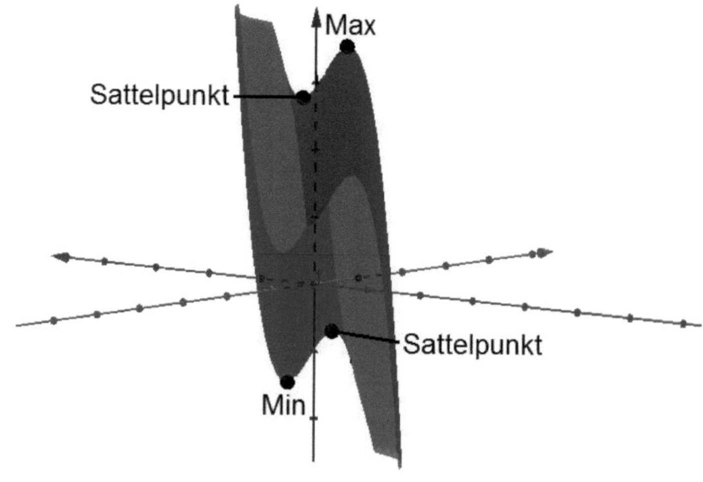

2. Sei die Funktion $f(x,y,z) = x^2 - 5x + xy + xz + y^2 - 2y + yz + z^2 - z$ gegeben. Die notwendige Bedingung ist gegeben durch

$$f_x = 2x-5+y+z = 0,\ f_y = x+2y-2+z = 0 \text{ und } f_z = x+y+2z-1 = 0.$$

Dieses lineare Gleichungssystem kann mit dem Gauß-Algorithmus bzw. mit der Basistransformation gelöst werden. Das Start- und Endtableau des Gauß-Algorithmus werden abkürzend dargestellt.

$$\left(\begin{array}{ccc|c} 2 & 1 & 1 & 5 \\ 1 & 2 & 1 & 2 \\ 1 & 1 & 2 & 1 \end{array}\right) \hookrightarrow \left(\begin{array}{ccc|c} 2 & 1 & 1 & 5 \\ 0 & -3 & -1 & 1 \\ 0 & 0 & 8 & -8 \end{array}\right),$$

es ergibt sich die Lösung $(x,y,z) = (3,0,-1)$ als mögliche Extremstelle. Die Hessematrix ergibt sich zu

$$H_f(x,y,z) = \begin{pmatrix} 2 & 1 & 1 \\ 1 & 2 & 1 \\ 1 & 1 & 2 \end{pmatrix}.$$

Die Hauptunterdeterminanten sind gegeben durch

$$|A_1| = |2| = 2,\ |A_2| = \begin{vmatrix} 2 & 1 \\ 1 & 2 \end{vmatrix} = 3 \text{ und } |A_3| = |H_f(x,y,z)| = 4.$$

Da alle Hauptunterdeterminanten positiv sind, gilt $H_f(x,y,z) \succ 0$, es liegt also ein Minimum an der Stelle $(x,y,z) = (3,0,-1)$ vor.

3. Gegeben seien für ein Zweiproduktunternehmen die Preis-Absatzfunktionen $p_1(x_1) = 120 - 2x_1$ und $p_2(x_2) = 200 - 0,5x_2$ sowie die Gesamtkostenfunktion $K(x_1,x_2) = x_1^2 + x_2^2 - 2x_1x_2 + 30x_1 + 50x_2 + 1.000$. Die Gesamterlösfunktion ist gegeben durch

$$E(x_1,x_2) = p_1(x_1) \cdot x_1 + p_2(x_2) \cdot x_2 = 120x_1 - 2x_1^2 + 200x_2 - 0,5x_2^2.$$

Die Gewinnfunktion $G(x_1,x_2) = E(x_1,x_2) - K(x_1,x_2)$ lautet somit

$$G(x_1,x_2) = 90x_1 - 3x_1^2 + 2x_1x_2 + 250x_2 - 1,5x_2^2 - 1.000.$$

Die notwendige Bedingung ist gegeben durch

$$G_{x_1} = 90 - 6x_1 + 2x_2 = 0 \text{ und } G_{x_2} = 2x_1 + 250 - 3x_2 = 0.$$

Die Lösung dieses Systems ergibt sich zu $x_1 = 55$ und $x_2 = 120$ als mögliche Extremstelle. Für die hinreichende Bedingung gilt

$$|H_G(x_1, x_2)| = \begin{vmatrix} -6 & 2 \\ 2 & -3 \end{vmatrix} = 14 > 0,$$

es liegt also eine Extremstelle vor. Da $G_{x_1x_1} = -6 < 0$ ist, liegt an der Stelle $(x_1, x_2) = (55, 120)$ ein Maximum vor. Für 55 Mengeneinheiten des ersten Produktes und 120 Mengeneinheiten des zweiten Produktes ergibt sich das Gewinnmaximum des Unternehmens.

4. Für ein Produkt sei die Cobb-Douglas-Funktion $x(r_1, r_2) = cr_1^\alpha r_2^\beta$ gegeben. Das Produkt werde zu einem Preis von p EUR je Mengeneinheit verkauft, die Einsatzfaktoren verursachen Kosten in Höhe von k_1 EUR je Mengeneinheit für R_1 und k_2 EUR je Mengeneinheit für R_2. Erlös- und Kostenfunktion ergeben sich zu

   $$E(r_1, r_2) = p \cdot cr_1^\alpha r_2^\beta \text{ und } K(r_1, r_2) = k_1 r_1 + k_2 r_2.$$

   Somit lautet die Gewinnfunktion

   $$G(r_1, r_2) = p \cdot cr_1^\alpha r_2^\beta - k_1 r_1 - k_2 r_2.$$

   Die notwendige Bedingung ist gegeben durch

   $$G_{r_1} = \alpha pcr_1^{\alpha-1} r_2^\beta - k_1 = 0 \text{ und } G_{r_2} = \beta pcr_1^\alpha r_2^{\beta-1} - k_2 = 0.$$

   Werden k_1 und k_2 auf die rechte Seite gebracht und anschließend die Quotienten der beiden Gleichungen gebildet, so ergibt sich

   $$\frac{\alpha pcr_1^{\alpha-1} r_2^\beta}{\beta pcr_1^\alpha r_2^{\beta-1}} = \frac{k_1}{k_2}, \text{ also } r_2 = \frac{\beta}{\alpha}\frac{k_1}{k_2} r_1.$$

   Dieses Verhältnis wird im nächsten Abschnitt als **Expansionspfad** näher erläutert. Für die hinreichende Bedingung wird die Hessematrix bestimmt:

   $$H_G(r_1, r_2) = \begin{pmatrix} \alpha(\alpha-1)pcr_1^{\alpha-2} r_2^\beta & \alpha\beta pcr_1^{\alpha-1} r_2^{\beta-1} \\ \alpha\beta pcr_1^{\alpha-1} r_2^{\beta-1} & \beta(\beta-1)pcr_1^\alpha r_2^{\beta-2} \end{pmatrix}.$$

Die Determinante der Hessematrix ergibt sich zu

$$\begin{aligned}|H_G(r_1,r_2)| &= \alpha(\alpha-1)\beta(\beta-1)p^2c^2r_1^{2\alpha-2}r_2^{2\beta-2} - \alpha^2\beta^2p^2c^2r_1^{2\alpha-2}r_2^{2\beta-2}\\ &= \alpha\beta p^2c^2r_1^{2\alpha-2}r_2^{2\beta-2}[(\alpha-1)(\beta-1)-\alpha\beta].\end{aligned}$$

Der Term vor der Klammer ist in jedem Fall positiv. Der Term in der Klammer ergibt sich zu

$$(\alpha-1)(\beta-1)-\alpha\beta = \alpha\beta-\alpha-\beta+1-\alpha\beta = -\alpha-\beta+1 > 0, \text{ falls } \alpha+\beta < 1.$$

Falls also $\alpha+\beta < 1$ gilt, so gilt auch $G_{r_1r_1} < 0$ (durch den Term $\alpha-1$), es liegt also genau dann ein Maximum vor, wenn $\alpha+\beta < 1$ gilt, anderenfalls liegt ein Sattelpunkt vor.

5. Für ein Produkt sei die Cobb-Douglas-Funktion $x(r_1,r_2) = 20r_1^{0,25}r_2^{0,5}$ gegeben. Das Produkt werde zu einem Preis von 5 EUR je Mengeneinheit verkauft, die Einsatzfaktoren verursachen Kosten in Höhe von 2 EUR je Mengeneinheit für R_1 und 1 EUR je Mengeneinheit für R_2. Die Gewinnfunktion lautet

$$G(r_1,r_2) = 5\cdot 20r_1^{0,25}r_2^{0,5} - 2r_1 - r_2 = 100r_1^{0,25}r_2^{0,5} - 2r_1 - r_2.$$

Die notwendige Bedingung aus dem vorhergehenden Beispiel führt auf

$$r_2 = \frac{0,5}{0,25}\frac{2}{1}r_1 = 4r_1.$$

Aus

$$G_{r_1} = \alpha pcr_1^{\alpha-1}r_2^{\beta} - k_1 = 0$$

folgt weiter $0,25\cdot 5\cdot 20r_1^{-0,75}(4r_1)^{0,5} - 2 = 0$, also $50\cdot r_1^{-0,25} = 2$ und damit $r_1 = 390.625$ und daher auch $r_2 = 1.562.500$. Da außerdem $\alpha+\beta = 0,75 < 1$ gilt, liegt - ebenfalls nach dem vorhergehenden Beispiel - ein Maximum vor. Für 390.625 Mengeneinheiten von R_1 und 1.562.500 Mengeneinheiten von R_2 ergibt sich das Gewinnmaximum für das betrachtete Produkt.

5.3.4 Extremwerte mit Nebenbedingungen

In den Wirtschaftswissenschaften gilt es regelmäßig, bei der Bestimmung vo Extremwerten bestimmte **Restriktionen**, die sogenannten **Nebenbedingungen**, zu berücksichtigen. Diese können sich beispielsweise aus einer Beschränkung der Liquidität, der zur Verfügung stehenden Rohstoffe oder auch einer vorgegebenen Produktionsmenge ergeben. Auch ein einzuhaltendes festes Verhältnis der Einsatzfaktoren kann zu einer beschränkenden Nebenbedingung führen. Allgemein lässt sich das Problem der Extremwertbestimmung unter Nebenbedingungen schreiben als

$$\begin{aligned} &\min \quad (\max) \; f(x_1, \ldots, x_n) \\ &\text{u. d. NBen} \\ g_j(x_1, \ldots, x_n) &\equiv 0 \\ j &= 1, \ldots, m \end{aligned}$$

Die Funktion $f(x_1, \ldots, x_n)$ wird dabei auch als **Zielfunktion** bezeichnet. Zur Lösung solcher Extremwertprobleme existieren verschiedene Verfahren, von welchen im Folgenden zwei Verfahren näher betrachtet werden sollen, zunächst die **Variablensubstitution** sowie im Anschluß die **Multiplikatormethode nach Lagrange**.

Variablensubstitution

Wie der Name des Verfahrens bereits andeutet, wird bei der Variablensubstitution durch Auflösen einer Nebenbedingung nach einer Variablen diese Variable in der Zielfunktion substituiert. Es ergibt sich sodann eine Zielfunktion in $n-1$ Variablen. Wird das System von m Nebenbedingungen auf diese Weise nach m Variablen aufgelöst, so ergibt sich eine Zielfunktion in $n-m$ Variablen, welche nach den bekannten Methoden auf Extremwerte untersucht werden kann. Das Vorgehen lässt sich in folgende Schritte gliedern.

1. Löse die m Nebenbedingungen nach m Variablen auf.

2. Substituiere diese m Variablen in der Zielfunktion. Es resultiert eine Zielfunktion $\hat{f}$ in $n-m$ Variablen.

3. Bestimme die Extremwerte der Funktion $\hat{f}$ ohne Nebenbedingungen.

4. Bestimme die Lösung der m substituierten Variablen durch Einsetzen.

Beispiel 5.3.7

1. Gegeben sei das Extremwertproblem

$$\begin{gathered} \min\ (\max)\ x^2 + xy \\ \text{u. d. NB} \\ 2x + y = 2 \end{gathered}$$

Die Standardform des Extremwertproblems ergibt sich durch Umformen der Nebenbedingung zu $g(x, y) = 2x + y - 2 \equiv 0$. Die Grafik zeigt das Problem.

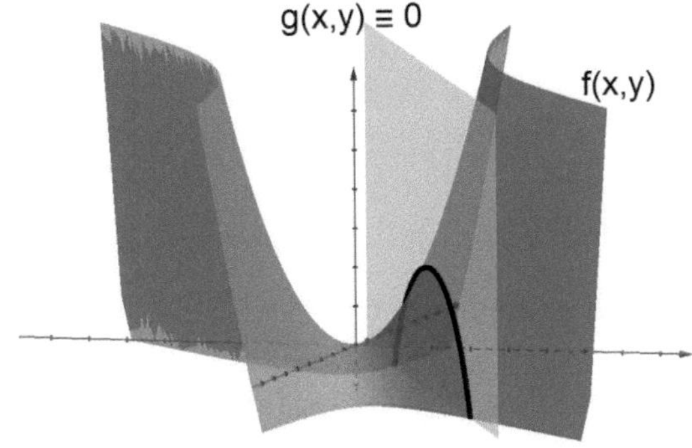

1) Auflösen der Nebenbedingung nach y führt auf $y = 2 - 2x$.

2) In die Zielfunktion eingesetzt ergibt sich für diese

$$\hat{f}(x) = x^2 + x(2 - 2x) = x^2 + 2x - 2x^2 = 2x - x^2.$$

3) Um die Extremwerte dieser Funktion zu bestimmen, werden notwendige und hinreichende Bedingung für $\hat{f}(x)$ überprüft:
   - **notwendige Bedingung**: Es gilt $\hat{f}'(x) = 2 - 2x = 0$, falls $x = 1$.
   - **hinreichende Bedingung**: Es ist $\hat{f}''(x) = -2 < 0$, es liegt also ein Maximum vor.

4) Einsetzen in die Nebenbedingung führt auf $y = 2 - 2 \cdot 1 = 0$.

Die Funktion besitzt somit ein Maximum für $x = 1$ und $y = 0$.

2. Zur Produktion von Stühlen für Puppenstuben seien Holz (in lfM) und Stahl (für Schrauben, in Kg) notwendig, die Produktion genüge

$$x(H, S) = 600H + 400S + 2HS - H^2 - 2S^2.$$

Der laufende Meter Holz koste 10 EUR, 1 Kg Stahl 5 EUR, es stehen insgesamt 1.000 EUR zur Verfügung, welche auch vollständig verwendet werden sollen. Das Extremwertproblem lautet demnach

$$\begin{aligned} \max \quad & 1.940H + 800S + 2HS - H^2 - 2S^2 \\ \text{u. d. NB} \\ 10H + 5S = 1.000 \end{aligned}$$

Die Standardform des Extremwertproblems ergibt sich durch Umformen der Nebenbedingung zu $g(x, y) = 10H + 5S - 1.000 \equiv 0$.

1) Auflösen der Nebenbedingung nach S führt auf $S = 200 - 2H$.
2) In die Zielfunktion eingesetzt ergibt sich für diese

$$\hat{x}(H) = 80.000 + 2.340H - 13H^2.$$

3) Um die Extremwerte dieser Funktion zu bestimmen, werden notwendige und hinreichende Bedingung für $\hat{x}(H)$ überprüft:
   - **notwendige Bedingung**: Es gilt $\hat{x}'(H) = 2.340 - 26H = 0$, falls $H = 90$.
   - **hinreichende Bedingung**: Es ist $\hat{x}''(H) = -26 < 0$, es liegt also ein Maximum vor.
4) Einsetzen in die Nebenbedingung führt auf $S = 200 - 2 \cdot 90 = 20$.

Aus 90 Laufmetern Holz und 20 Kg Stahl können somit für 1.000 EUR insgesamt 185.300 Puppenstühle hergestellt werden.

Sobald einzelne oder mehrere Nebenbedingungen gegeben sind, welche nicht leicht nach einzelnen Variablen aufgelöst werden können, wird die Variablensubstitution schnell zu aufwändig als Lösungsverfahren. Im nächsten Abschnitt wird daher die Multiplikatormethode nach Lagrange vorgestellt.

Multiplikatormethode nach Lagrange

Um das Problem

$$\begin{aligned}&\min \quad (\max)\ f(x_1,\dots,x_n)\\&\text{u. d. NBen}\\&g_j(x_1,\dots,x_n)\equiv 0\\&j=1,\dots,m\end{aligned}$$

mit der **Multiplikatormethode nach Lagrange** zu lösen, werden die Nebenbedingungen mit einem **Lagrangeschen Multiplikator** multipliziert und als *Strafterm* zu $f(x_1,\dots,x_n)$ hinzuaddiert:

$$L(x_1,\dots,x_n,\lambda_1,\dots,\lambda_m)=f(x_1,\dots,x_n)+\sum_{i=1}^{m}\lambda_i g_i(x_1,\dots,x_n).$$

Für $\lambda=(\lambda_1,\dots,\lambda_m)$ heißt die Funktion $L(x_1,\dots,x_n,\lambda)$ **Lagrangefunktion**, sie besitzt die unabhängigen Variablen $x_1,\dots,x_n$ und $\lambda=(\lambda_1,\dots,\lambda_m)$. Die Terme $\lambda_i g_i(x_1,\dots,x_n)$, $i=1,\dots,m$ sichern die Erfüllung der Nebenbedingungen ab, nehmen diese nicht den Wert Null an, so ist der Wert von $L(x_1,\dots,x_n,\lambda)$ größer als der Wert von $f(x_1,\dots,x_n)$ und somit die Stelle $(x_1,\dots,x_n)$ nicht optimal. Auch das Lagrangeverfahren zur Lösung des Extremwertproblems gliedert sich in notwendige und hinreichende Bedingung.

Satz 5.3.4
Für die Existenz eines Extremwertes einer Funktion $f(x_1,\dots,x_n)$ unter den Nebenbedingungen $g_i(x_1,\dots,x_n)=0, i=1,\dots,m$ ist **notwendige Bedingung**, dass für die partiellen Ableitungen der Funktion

$$L(x_1,\dots,x_n,\lambda)=f(x_1,\dots,x_n)+\sum_{i=1}^{m}\lambda_i g_i(x_1,\dots,x_n)$$

gilt

$$L_{x_i}(x_1,\dots,x_n,\lambda)=0, i=1,\dots,n;\ \text{und}\ L_{\lambda_i}(x_1,\dots,x_n,\lambda)=0, i=1,\dots,m.$$

Die hinreichende Bedingung ist für wirtschaftswissenschaftliche Fragestellungen in der Regel erfüllt und wird daher häufig nicht explizit untersucht. Es wird daher an dieser Stelle auf die allgemeine Darstellung verzichtet und lediglich die hinreichende Bedingung bei zwei unabhängigen Variablen und einer Nebenbedingung angegeben.[1]

Satz 5.3.5
Für die Existenz eines Extremwertes einer Funktion $f(x_1, x_2)$ unter der Nebenbedingung $g(x_1, x_2) = 0$ ist **hinreichende Bedingung**, dass für die Determinante der **geränderten Hessematrix** der Funktion

$$L(x_1, x_2, \lambda) = f(x_1, x_2) + \lambda g(x_1, x_2)$$

ungleich Null ist: $|H_L(x_1, x_2, \lambda| =$

$$\begin{vmatrix} L_{x_1x_1} & L_{x_1x_2} & L_{x_1\lambda} \\ L_{x_2x_1} & L_{x_2x_2} & L_{x_2\lambda} \\ L_{\lambda x_1} & L_{\lambda x_2} & L_{\lambda\lambda} \end{vmatrix} = \begin{vmatrix} f_{x_1x_1} + \lambda g_{x_1x_1} & f_{x_1x_2} + \lambda g_{x_1x_2} & g_{x_1} \\ f_{x_2x_1} + \lambda g_{x_2x_1} & f_{x_2x_2} + \lambda g_{x_2x_2} & g_{x_2} \\ g_{x_1} & g_{x_2} & 0 \end{vmatrix} \neq 0.$$

Gilt $|H_L(x_1, x_2, \lambda)| > 0$, so liegt ein **Maximum** vor.
Gilt $|H_L(x_1, x_2, \lambda)| < 0$, so liegt ein **Minimum** vor.

Bedeutung des Langrangeschen Multiplikators

Es sei die Funktion $f(x_1, \ldots, x_n)$ unter der Nebenbedingung $g(x_1, \ldots, x_n) = c$ zu optimieren. Um die Multiplikatormethode anwenden zu können, wird die Nebenbedingung in die Form

$$c - g(x_1, \ldots, x_n) \equiv 0$$

gebracht; die zugehörige Langrangefunktion lautet

$$L(x_1, \ldots, x_n, \lambda) = f(x_1, \ldots, x_n) + \lambda(c - g(x_1, \ldots, x_n)).$$

Fasst man c als Variable auf, so gilt

$$L_c(x_1, \ldots, x_n, \lambda) = \lambda.$$

[1]Für die allgemeine Version vgl. Schwenkert, R.; Stry, Y.; Operations Research kompakt, SpringerGabler, Berlin Heidelberg, 2015, S. 191-193.

Das bedeutet, λ gibt an, wie sich der Funktionswert $f(x_1, \ldots, x_n)$ näherungsweise ändert, wenn die Nebenbedingung im Wert c um eine Einheit verändert wird.

Beispiel 5.3.8

1. Gegeben sei das Extremwertproblem

$$\begin{aligned}
&\min\,(\max)\ x^2 + xy \\
&\text{u. d. NB} \\
&2x + y = 2
\end{aligned}$$

Die Standardform des Problems ergibt sich wieder durch Umformen der Nebenbedingung in $2 - 2x - y \equiv 0$. Die Lagrangefunktion lautet

$$L(x, y, \lambda) = x^2 + xy + \lambda(2 - 2x - y).$$

Es ist

$$\begin{array}{rcccl}
L_x(x,y,\lambda) & = & 2x + y - 2\lambda & = & 0 \\
L_y(x,y,\lambda) & = & x \quad\quad - \lambda & = & 0 \\
L_\lambda(x,y,\lambda) & = & 2 - 2x - y & = & 0
\end{array}$$

Aus $I - 2 \cdot II$ folgt $y = 0$, daraus folgt aus der dritten Gleichung $x = 1$ und deshalb auch aus der zweiten Gleichung $\lambda = 1$. Die Determinante der geränderten Hessematrix ist gegeben durch

$$|H_L(x,y,\lambda)| = \begin{vmatrix} 2 & 1 & -2 \\ 1 & 0 & -1 \\ -2 & -1 & 0 \end{vmatrix} = 2 > 0,$$

es liegt also für $(x, y) = (1, 0)$ ein Minimum vor.

2. Der Student Paul Ehrlich muss seine Leistungen in den Fächern ABWL (Fach 1) und VWL (Fach 2) verbessern, was ihm leider erst am Tag vor den jeweiligen Klausuren einfällt. Der Lernerfolg hängt von der eingesetzten Zeit (in t_i Minuten) zum Lernen ab und genügt der Funktion

$$f(t_1, t_2) = 2\ln(t_1 + 1) + 5\ln(t_2 + 1).$$

Paul hat zum Lernen nur noch 3 Stunden Zeit. Wie sollte er diese aufteilen, damit der Lernerfolg maximal ist? Das Extremwertproblem lautet

$$\begin{aligned} \max \quad & 2\ln(t_1+1) + 5\ln(t_2+1) \\ \text{u. d. NB} & \\ 2t_1 + t_2 &= 180 \end{aligned}$$

Die Lagrangefunktion ist nach Umformung der Nebenbedingung zu $g(t_1, t_2) = 180 - t_1 - t_2 \equiv 0$ gegeben durch

$$L(t_1, t_2, \lambda) = 2\ln(t_1+1) + 5\ln(t_2+1) + \lambda(180 - t_1 - t_2).$$

Es ist

$$\begin{aligned} L_x(x, y, \lambda) &= \tfrac{2}{t_1+1} - \lambda &= 0 \\ L_y(x, y, \lambda) &= \tfrac{5}{t_2+1} - \lambda &= 0 \\ L_\lambda(x, y, \lambda) &= 180 - t_1 - t_2 &= 0 \end{aligned}$$

Aus den ersten beiden Gleichungen folgt $\frac{2}{t_1+1} = \frac{5}{t_2+1}$ und daher auch $t_2 = \frac{5}{2}t_1 + \frac{3}{2}$. Eingesetzt in die dritte Gleichung ergibt sich $t_1 = 51$ und daher $t_2 = 129$. Aus der zweiten Gleichung folgt dann $\lambda = \frac{5}{130} = 0,038$. Die hinreichende Bedingung lautet

$$|H_L(x, y, \lambda)| = \begin{vmatrix} -\frac{2}{(t_1+1)^2} & 0 & -1 \\ 0 & -\frac{5}{(t_2+1)^2} & -1 \\ -1 & -1 & 0 \end{vmatrix} = \frac{5}{(t_1+1)^2} + \frac{2}{(t_1+1)^2} > 0,$$

es liegt also für $(t_1, t_2) = (51, 129)$ ein Maximum vor. Paul sollte also 51 Minuten für ABWL und 129 Minuten für VWL lernen. Der Wert von λ bedeutet, dass Paul, würde er eine Minute mehr Zeit investieren, seinen Lernerfolg um $0,038$ Erfolgseinheiten verbessern würde.

3. Gegeben sei die Cobb-Douglas-Funktion $x(r_1, r_2) = cr_1^\alpha r_2^\beta$ sowie die Kosten der Einsatzfaktoren k_1 je Mengeneinheit R_1 und k_2 je Mengeneinheit R_2. Das Ziel ist die Kostenminimierung bei vorgegebener Produktionsmenge x_0. Das Problem ergibt sich zu

$$\begin{aligned} \min \quad & k_1 r_1 + k_2 r_2 \\ \text{u. d. NB} & \\ c r_1^\alpha r_2^\beta &= x_0 \end{aligned}$$

Die Lagrangefunktion des Problems lautet

$$L(r_1, r_2, \lambda) = k_1 r_1 + k_2 r_2 + \lambda(x_0 - c r_1^\alpha r_2^\beta).$$

Die notwendige Bedingung dieses Extremwertproblems führt auf die Gleichungen

$$\begin{aligned} L_{r_1} &= k_1 - \alpha\lambda c r_1^{\alpha-1} r_2^\beta &&= 0 \\ L_{r_2} &= k_2 - \beta\lambda c r_1^\alpha r_2^{\beta-1} &&= 0 \\ L_\lambda &= x_0 - c r_1^\alpha r_2^\beta &&= 0 \end{aligned}$$

Werden für die ersten beiden Gleichungen die Kosten k_1 und k_2 jeweils auf die rechte Seite der Gleichung gebracht und anschließend die Quotienten gebildet, so folgt

$$\frac{k_1}{k_2} = \frac{\alpha\lambda c r_1^{\alpha-1} r_2^\beta}{\beta\lambda c r_1^\alpha r_2^{\beta-1}} \text{ und damit } r_2 = \frac{k_1}{k_2}\frac{\beta}{\alpha} r_1.$$

Diese Beziehung stellt eine lineare Funktion dar, den sogenannten **Expansionspfad**, abgebildet in der nachfolgenden Grafik.

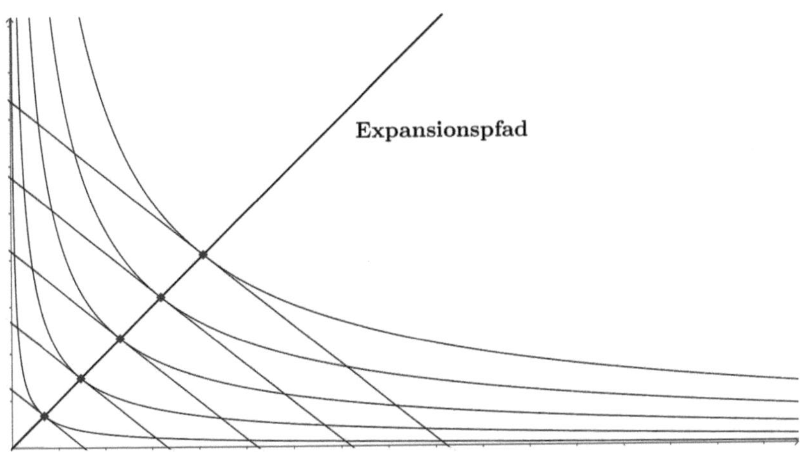

Durch Einsetzen dieser Beziehung in die Nebenbedingung lassen sich r_1 und r_2 bestimmen. Der Lagrangesche Multiplikator ergibt sich aus der ersten Gleichung zu

$$\lambda = \frac{k_1}{c\alpha} r_1^{1-\alpha} r_2^{-\beta}.$$

Die Determinante der geränderten Hessematrix ist gegeben durch $|H_L(r_1, r_2, \lambda)| =$

$$\begin{vmatrix} -\alpha(\alpha-1)\lambda c r_1^{\alpha-2} r_2^{\beta} & -\alpha\beta\lambda c r_1^{\alpha-1} r_2^{\beta-1} & -\alpha c r_1^{\alpha-1} r_2^{\beta} \\ -\alpha\beta\lambda c r_1^{\alpha-1} r_2^{\beta-1} & -\beta(\beta-1)\lambda c r_1^{\alpha} r_2^{\beta-2} & -\beta c r_1^{\alpha} r_2^{\beta-1} \\ -\alpha c r_1^{\alpha-1} r_2^{\beta} & -\beta c r_1^{\alpha} r_2^{\beta-1} & 0 \end{vmatrix}$$

$$= \alpha^2\beta^2 c^3 \lambda r_1^{3\alpha-2} r_2^{3\beta-2} + \alpha^2\beta^2 c^3 \lambda r_1^{3\alpha-2} r_2^{3\beta-2} + \alpha(\alpha-1)\beta^2 c^3 \lambda r_1^{3\alpha-2} r_2^{3\beta-2}$$
$$+ \alpha^2\beta(\beta-1) c^3 \lambda r_1^{3\alpha-2} r_2^{3\beta-2}$$
$$= c^3 \lambda r_1^{3\alpha-2} r_2^{3\beta-2}(-2\alpha^2\beta^2 + \alpha^2\beta^2 - \alpha\beta^2 + \alpha^2\beta^2 - \alpha^2\beta)$$
$$= (-\alpha\beta^2 - \alpha^2\beta) c^3 \lambda r_1^{3\alpha-2} r_2^{3\beta-2} = (-\alpha-\beta) c^3 \alpha\beta\lambda r_1^{3\alpha-2} r_2^{3\beta-2} < 0$$

Die hinreichende Bedingung ist demnach - wie auch aus der Grafik ersichtlich - für jedes entsprechende Problem erfüllt und muss nicht überprüft werden.

4. Die Produktion eines Gutes genüge der Produktionsfunktion

$$x(r_1, r_2) = 30 r_1^2 r_2.$$

Die Kosten der Produktionsfaktoren seien $k_1 = 4$ EUR je Mengeneinheit R_1 und $k_2 = 2$ EUR je Mengeneinheit R_2. Es sollen 240.000 Mengeneinheiten des Gutes hergestellt werden. Das Extremwertproblem lautet

$$\begin{gathered} \min \quad 4r_1 + 2r_2 \\ \text{u. d. NB} \\ 30 r_1^2 r_2 = 240.000 \end{gathered}$$

Zur Bestimmung der Einsatzmengen wird zunächst das Verhältnis

$$r_2 = \frac{k_1}{k_2}\frac{\beta}{\alpha} r_1 = \frac{4}{2} \cdot \frac{1}{2} r_1 = r_1$$

gebildet. Einsetzen in die Nebenbedingung führt auf

$$30 r_1^3 = 240.000, \text{ also } r_1 = \sqrt[3]{8.000} = 20.$$

Daher gilt auch $r_2 = 20$. Der Lagrangesche Multiplikator ergibt sich zu $\lambda = \frac{k_1}{c\alpha} r_1^{1-\alpha} r_2^{-\beta} = \frac{4}{30 \cdot 2} 20^{1-2} 20^{-1} = 0,00167$. Die hinreichende Bedingung ist nach dem vorhergehenden Beispiel stets erfüllt.

Die **Kostenminimalkombination** ergibt sich zu $r_1 = 20$ Mengeneinheiten von R_1 und $r_2 = 20$ Mengeneinheiten von R_2. Der Lagrangesche Multiplikator $\lambda = 0,00167$ bedeutet, dass die Kosten um $0,00167$ Kosteneinheiten steigen, falls die Produktionsmenge von 240.000 auf 240.001 Mengeneinheiten erhöht würde.

5. Gegeben sei die Cobb-Douglas-Funktion $x(r_1, r_2) = cr_1^\alpha r_2^\beta$ sowie die Kosten der Einsatzfaktoren k_1 je Mengeneinheit R_1 und k_2 je Mengeneinheit R_2. Das Ziel ist die Maximierung der Produktionsmenge bei vorgegebenem Kapital K_0. Das Problem ergibt sich zu

$$\begin{gathered} \min \quad cr_1^\alpha r_2^\beta \\ \text{u. d. NB} \\ k_1 r_1 + k_2 r_2 = K_0 \end{gathered}$$

Die Lagrangefunktion des Problems lautet

$$L(r_1, r_2, \lambda) = cr_1^\alpha r_2^\beta + \lambda(K_0 - k_1 r_1 - k_2 r_2).$$

Die notwendige Bedingung dieses Extremwertproblems führt auf die Gleichungen

$$\begin{aligned} L_{r_1} &= \alpha c r_1^{\alpha-1} r_2^\beta - \lambda k_1 &= 0 \\ L_{r_2} &= \beta c r_1^\alpha r_2^{\beta-1} - \lambda k_2 &= 0 \\ L_\lambda &= K_0 - k_1 r_1 - k_2 r_2 &= 0 \end{aligned}$$

Werden für die ersten beiden Gleichungen die Werte λk_1 und λk_2 jeweils auf die rechte Seite der Gleichung gebracht und anschließend die Quotienten gebildet, so folgt

$$\frac{k_1}{k_2} = \frac{\alpha c r_1^{\alpha-1} r_2^\beta}{\beta c r_1^\alpha r_2^{\beta-1}} \text{ und damit } r_2 = \frac{k_1}{k_2}\frac{\beta}{\alpha} r_1.$$

Diese Beziehung stellt abermals den bereits aus dem dritten Beispiel bekannten **Expansionspfad** dar. Durch Einsetzen dieser Beziehung in die Nebenbedingung lassen sich r_1 und r_2 bestimmen. Der Lagrangesche Multiplikator ergibt sich aus der ersten Gleichung zu

$$\lambda = \frac{c\alpha}{k_1} r_1^{\alpha-1} r_2^\beta.$$

Die Determinante der geränderten Hessematrix ist gegeben durch
$|H_L(r_1, r_2, \lambda)| =$

$$\begin{vmatrix} c\alpha(\alpha-1)r_1^{\alpha-2}r_2^{\beta} & c\alpha\beta r_1^{\alpha-1}r_2^{\beta-1} & -k_1 \\ c\alpha\beta r_1^{\alpha-1}r_2^{\beta-1} & c\beta(\beta-1)r_1^{\alpha}r_2^{\beta-2} & -k_2 \\ -k_1 & -k_2 & 0 \end{vmatrix}$$

$$= k_1k_2c\alpha\beta r_1^{\alpha-1}r_2^{\beta-1} + k_1k_2c\alpha\beta r_1^{\alpha-1}r_2^{\beta-1} - k_2^2c\alpha(\alpha-1)r_1^{\alpha-2}r_2^{\beta} - k_1^2c\beta(\beta-1)r_1^{\alpha}r_2^{\beta-2}$$

$$= 2k_1k_2c\alpha\beta r_1^{\alpha-1}r_2^{\beta-1} - k_2^2c\alpha(\alpha-1)r_1^{\alpha-2}r_2^{\beta} - k_1^2c\beta(\beta-1)r_1^{\alpha}r_2^{\beta-2}$$

Wird in dieser Determinanten die Beziehung $r_2 = \frac{k_1}{k_2}\frac{\beta}{\alpha}r_1$ im zweiten Term und $r_1 = \frac{k_2}{k_1}\frac{\alpha}{\beta}r_2$ im dritten Term eingesetzt, so ergibt sich

$$|H_L(r_1, r_2, \lambda)| = 2k_1k_2c\alpha\beta r_1^{\alpha-1}r_2^{\beta-1} - k_2^2c\alpha(\alpha-1)r_1^{\alpha-2}r_2^{\beta-1}\frac{k_1}{k_2}\frac{\beta}{\alpha}r_1 - k_1^2c\beta(\beta-1)r_1^{\alpha-1}\frac{k_2}{k_1}\frac{\alpha}{\beta}r_2r_2^{\beta-2}$$

$$= 2k_1k_2c\alpha\beta r_1^{\alpha-1}r_2^{\beta-1} - k_1k_2c\beta(\alpha-1)r_1^{\alpha-1}r_2^{\beta-1} - k_1k_2c\alpha(\beta-1)r_1^{\alpha-1}r_2^{\beta-1}$$

$$= k_1k_2cr_1^{\alpha-1}r_2^{\beta-1}(2\alpha\beta - \beta(\alpha-1) - \alpha(\beta-1))$$

$$= k_1k_2cr_1^{\alpha-1}r_2^{\beta-1}(-\alpha-\beta) < 0$$

Die hinreichende Bedingung ist demnach - wie auch hier aus der ursprünglichen Grafik ersichtlich - für jedes entsprechende Problem erfüllt und muss nicht in jedem Fall neu überprüft werden.

6. Die Produktion eines Gutes genüge der Produktionsfunktion

$$x(r_1, r_2) = 50r_1^{0,3}r_2^{0,6}.$$

Die Kosten der Produktionsfaktoren seien $k_1 = 2$ EUR je Mengeneinheit R_1 und $k_2 = 6$ EUR je Mengeneinheit R_2. Es steht insgesamt Kapital in Höhe von 12.600 EUR zur Verfügung. Das Extremwertproblem lautet

$$\max \quad 50r_1^{0,3}r_2^{0,6}$$

u. d. NB

$$2r_1 + 6r_2 = 12.600$$

Zur Bestimmung der Einsatzmengen wird zunächst das Verhältnis

$$r_2 = \frac{k_1}{k_2}\frac{\beta}{\alpha}r_1 = \frac{2}{6}\cdot\frac{0,3}{0,6}r_1 = \frac{1}{6}r_1$$

gebildet. Einsetzen in die Nebenbedingung führt zu $2r_1 + 6\frac{1}{6}r_1 = 12.600$, also $r_1 = 4.200$ und damit zu $r_2 = 700$. Der Lagrangesche Multiplikator ist gegeben durch $\lambda = \frac{c\alpha}{k_1}r_1^{\alpha-1}r_2^{\beta} = \frac{50\cdot 0,3}{2}4.200^{-0,7}700^{0,6} =$
Die hinreichende Bedingung ist nach dem vorhergehenden Beispiel stets erfüllt.
Das **Produktionsmaximum** ergibt sich zu $r_1 = 4.200$ Mengeneinheiten von R_1 und $r_2 = 700$ Mengeneinheiten von R_2. Der Lagrangesche Multiplikator $\lambda = 0,00167$ bedeutet, dass die Produktion um $0,00167$ Mengeneinheiten steigt, falls statt 12.600 EUR nunmehr 12.601 EUR zur Verfügung stehen.

Aufgaben

Aufgabe 5.3.1

Wie hängen der Homogenitätsgrad und die partiellen Elastizitäten der Funktion $f(x, y) = 5\sqrt[4]{x}\sqrt{y}$ zusammen?

Aufgabe 5.3.2

Gegeben sei die Nutzenfunktion $u(x_1, x_2) = x_1 + 14x_1^2x_2 - 0,2x_2$. Geben Sie den Grenznutzen von x_1 an, wenn von x_1 30 Einheiten und von x_2 25 Einheiten konsumiert werden. Interpretieren Sie diese Größe.

Aufgabe 5.3.3

Ein Unternehmen stellt ein Produkt aus zwei Rohstoffen R_1 und R_2 her. Die Produktion erfolgt gemäß

$$x(r_1, r_2) = 4r_1^2 - r_2^2 + 2r_1r_2.$$

Wie verändert sich die Produktionsmenge näherungsweise, wenn

a) ausgehend von $(r_1, r_2) = (15, 40)$ die Einsatzmenge von Rohstoff R_1 um $2,5$ Einheiten erhöht wird bzw.

b) ausgehend von $(r_1, r_2) = (15, 40)$ die Einsatzmenge von Rohstoff R_2 um $1,5$ Einheiten gesenkt wird bzw.

c) ausgehend von $(r_1, r_2) = (15, 40)$ die Einsatzmenge von Rohstoff R_1 um 5 Einheiten gesenkt und die Einsatzmenge von R_2 um 3 Einheiten erhöht wird?

Aufgabe 5.3.4

Gegeben sei eine Produktionsfunktion der Form

$$x(r_1, r_2) = \sqrt{r_1} \cdot r_2^2.$$

a) Berechnen und interpretieren Sie die Grenzrate der Substitution für die Faktorkombination $r_1 = 625, r_2 = 2$.

b) Um welchen Faktor ändert sich die Produktionsmenge x, wenn sich beide Faktoreinsatzmengen verdoppeln?

c) Nennen und interpretieren Sie die partiellen Elastizitäten von x.

Aufgabe 5.3.5

Jemand konsumiert bei einem Preis von je 3 EUR 12 ME des Gutes G_1 und 4 ME des Gutes G_2. Nachdem der Preis von Gut 1 um 1, 20 EUR erhöht wurde, werden nur noch 6 ME von Gut 1 und dafür 18 von Gut 2 konsumiert. Wie groß ist die Kreuzpreiselastizität der Nachfrage?

Aufgabe 5.3.6

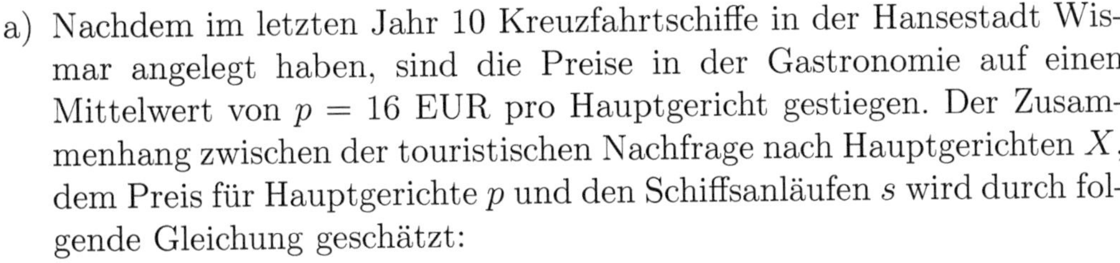

a) Nachdem im letzten Jahr 10 Kreuzfahrtschiffe in der Hansestadt Wismar angelegt haben, sind die Preise in der Gastronomie auf einen Mittelwert von $p = 16$ EUR pro Hauptgericht gestiegen. Der Zusammenhang zwischen der touristischen Nachfrage nach Hauptgerichten X, dem Preis für Hauptgerichte p und den Schiffsanläufen s wird durch folgende Gleichung geschätzt:

$$X(p, s) = -4.000 + \frac{3}{4}p + 600s.$$

Ermitteln Sie die Kreuzfahrtelastizität der Hauptgerichtsnachfrage. Ist der Zusammenhang elastisch oder unelastisch?

b) Frischhaltefolie kostet heute 1 EUR pro Packung. Um wie viel Prozent muss der Preis von Frischhaltefolie steigen, damit sich bei einer Kreuzpreiselastizität von $\varepsilon = 2$ die verkaufte Menge von Alufolie vervierfacht?

Aufgabe 5.3.7

Gegeben seien für zwei Güter X und Y mit den Preisen $p_1 = 10$ EUR und $p_2 = 5$ EUR die Nachfragefunktionen

$$x(p_1, p_2) = 5p_2p_1 \text{ und } y(p_1, p_2) = 250 + 2p_1 - 4p_2.$$

a) Bestimmen und interpretieren Sie die Kreuzpreiselastizitäten.

b) Berechnen Sie die partiellen Grenzerlöse. Wie verändert sich der Erlös näherungsweise, wenn der Preis für X von 30 EUR auf 35 EUR erhöht und der Preis für Y von 10 EUR auf 8 EUR verringert wird?

Aufgabe 5.3.8

Gegeben sei die Funktion $f(x, y, z) = -x^2-2y^2-2z^2+2xy+2yz+2x+2y-4z$. Berechnen Sie die Extremwerte von f.

Aufgabe 5.3.9

Gegeben sei die Produktionsfunktion

$$x(r_1, r_2) = 10r_1^{0,2}r_2^{0,6}.$$

Der Output x kann zu einem Preis von 3 GE/ME abgesetzt werden. Die Faktorpreise seien $k_1 = 2$ GE und $k_2 = 6$ GE. Bestimmen Sie die Faktormengen r_1 und r_2 für maximalen Gewinn.

Aufgabe 5.3.10

Ein Ein-Produkt-Unternehmen, welches sein Produkt in ganz Deutschland absetzt, arbeitet mit einer Kostenfunktion

$$K(x) = 100 + 20x.$$

Das Käuferverhalten in den alten und in den neuen Bundesländern ist unterschiedlich, es gelten (auf den beiden Teilmärkten) die Preis-Absatz-Funktionen

$$p_1 = 36 - 0,2x_1; p_2 = 60 - x_2.$$

Welche Preise muss das Unternehmen auf den beiden Märkten verlangen (welche Mengen kann es dort absetzen), um einen maximalen Gewinn zu erzielen?

Aufgabe 5.3.11

Bestimmen Sie die Extremwerte der Funktion $f(x, y) = x^2 + 2xy + 3y^2$ unter der Nebenbedingung $2x + 4y = 10$.

Aufgabe 5.3.12

Eine Bank beschäftigt Bankfachangestellte (B) und Auszubildende (A). Der monatliche Erlös (in 1.000 EUR) berechnet sich erfahrungsgemäß nach der Funktion

$$E(A, B) = -15A^2 + 101A + 60B^2 + 290B - 3(A - 5B)^2.$$

Für einen Bankfachangestellten muss die Bank monatlich 4.000 EUR Bruttolohnkosten rechnen, für einen Auszubildenden monatlich 1.000 EUR. Die Lohnkosten insgesamt sollen pro Monat 200.000 EUR betragen. Wie viele Fachangestellte und Auszubildende muss die Bank beschäftigen, damit der Erlös maximal wird?

Aufgabe 5.3.13

Gegeben sei die Produktionsfunktion

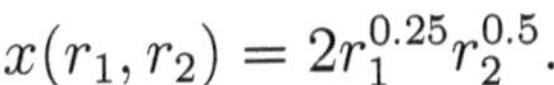

$$x(r_1, r_2) = 2r_1^{0.25} r_2^{0.5}.$$

Die Einsatzfaktoren kosten 2 EUR je Mengeneinheit R_1 und 4 EUR je Mengeneinheit R_2, insgesamt stehen 60 EUR zur Verfügung. Lösen Sie das Extremwertproblem.

Aufgabe 5.3.14

Ein Ein-Produkt-Unternehmen produziert nach der Produktionsfunktion

$$x(A, K) = 100 \cdot A^{0,8} K^{0,2}.$$

Eine Mengeneinheit K verursacht 10 EUR Zinskosten, eine Mengeneinheit A verursacht 20 EUR Lohnkosten.

a) Ermitteln Sie die Kostenminimalkombination für den vorgegebenen Output von 10.000 Mengeneinheiten.

b) Bestimmen Sie maximalen Output und notwendige Inputwerte für das vorgegebene Kostenbudget 40.000 EUR.

c) Interpretieren Sie die in a) und b) berechneten Lagrange-Multiplikatoren.

Aufgabe 5.3.15

Der Student Moritz Schlaubier muss dringend seine Leistungen in Statistik verbessern. Sein Wissen W (gemessen in Wisseneinheiten WE) ist durch eine Funktion vorgegeben mit den Faktoren t (= Anzahl der bis zur Prüfung aufgewendeten Lerntage zu je 4 Lernstunden) und z (= Menge an Traubenzucker):

$$W(t, z) = 320 + 26t + 9z - t^2 - 0,5z^2, \text{ mit } t, z \geq 0.$$

Jeder Lerntag verursacht Moritz 50 EUR an Kosten für Nachhilfe, der Traubenzucker kostet 10 EUR/Pfund.

a) Wie lange sollte Moritz lernen und wie viel vom Traubenzucker konsumieren, damit sein Wissensstand in Statistik maximal ist?

b) Wie soll Moritz Lernzeit und Traubenzucker kombinieren, wenn er insgesamt 200 EUR investieren möchte.

6 Lösungen

6.1 Lösungen Kapitel 1

1.1.1 a) $a_n = \frac{n-1}{n}$. b) $(a_n) = \{3, 6, 12, \ldots\}$ c) $(a_n) = \{3, 6, 12, \ldots\}$
d) $a_n = \frac{5}{2} + (-1)^n \frac{1}{2}$
1.1.2 a) $(a_n) = \{2, \frac{3}{2}, \frac{4}{3}, \ldots\}$, $1 < a_n \leq 2$, beschränkt; streng monoton wachsend.
b) $(a_n) = \{0, 2, 6, 12, \ldots\}$, streng monoton wachsend, nach unten beschränkt durch 0.
c) $a_n = -\frac{1}{n}$, $(a_n) = \{-1, -\frac{1}{2}, -\frac{1}{3}, \ldots\}$,$-1 \leq a_n < 0$, beschränkt, streng monoton wachsend.
1.1.3 a) $\lim\limits_{n\to\infty} a_n = 2$ b) $\lim\limits_{n\to\infty} a_n = 0$
1.1.4 a) $\lim\limits_{n\to\infty} a_n = \lim\limits_{n\to\infty} 6n^3 - 150n^2 - 152n^3 = 3$ b) $\lim\limits_{n\to\infty} a_n = 0$
c) $\lim\limits_{n\to\infty} a_n = \lim\limits_{n\to\infty} \frac{7n^4-2n^3+5n-12}{3n^3+11n-2n^2} = \infty$ d) $\lim\limits_{n\to\infty} a_n = \lim\limits_{n\to\infty} \frac{-2n^2}{n^2} = -2$
1.1.5 a) arithmetische Folge, $a_n = 4 + (n-1) \cdot 3$
b) geometrische Folge, $a_n = 2 \cdot 2^{n-1}$
c) geometrische Folge, $a_n = \frac{5}{3} \cdot \left(\frac{1}{3}\right)^{n-1}$
d) arithmetische Folge, $a_n = 16 + (n-1) \cdot (-8)$
e) geometrische Folge, $a_n = 16 \cdot \left(\frac{1}{4}\right)^{n-1}$
f) arithmetische Folge, $a_n = 27 + (n-1) \cdot (-5)$
g) geometrische Folge, $a_n = 1 \cdot 0,7^{n-1}$
1.1.6 a) $a_n = 12.000 \cdot 1,05^{n-1}$
b) $a_4 = 12.000 \cdot 1,05^3 = 13.891,50$, 13.891 Stück;
$a_8 = 12.000 \cdot 1,05^7 = 16.885,21$, 16.885 Stück.
1.1.7 a) $a_n = 500 + (n-1) \cdot 150$
b) $a_3 = 500 + 2 \cdot 150 = 800$; $a_9 = 500 + 8 \cdot 150 = 1.700$

1.1.8 a) $K_0 = 2.000$, $K_n = K_0 + n \cdot p \cdot K_0 = 2K_0 \leftrightarrow K_0 = n \cdot p \cdot K_0 \leftrightarrow n = \frac{1}{p} = 50$ Jahre.
b) $K_n = K_0 \left(1 + \frac{p}{100}\right)^n = 2K_0 \leftrightarrow \ln 2 = n \ln\left(1 + \frac{p}{100}\right) \leftrightarrow n = \frac{\ln 2}{\ln 1{,}02} = 35$ Jahre.
1.2.1 a) $a_n = 525 + (n-1) \cdot 50$, $a_8 = 525 + 7 \cdot 50 = 875$ Km.
b) $s_n = \frac{n}{2}(a_1 + a_n) = 7.500 \leftrightarrow \frac{n}{2}(525 + 525 + (n-1) \cdot 50) = 7.500 \leftrightarrow 50n^2 + 1.000n - 15.000 = 0 \leftrightarrow (n_1 = -30) \vee n_2 = 10$ Tage.
1.2.2 a) $a_n = 6 \cdot 2^{n-1}$, $n = 25$, $s_{25} = 6 \cdot \frac{1-2^{25}}{1-2} = 201.326.586$ m.
b) $s_n = \frac{10}{2}(6 + 6 + 9 \cdot d) = 240 \leftrightarrow 60 + 45d = 240 \leftrightarrow d = 4$.
1.2.3 Guthabenaufbau vorschüssig, $50.000 = 20.000 \cdot 1,05^n + 4.000 \cdot 1,05 \cdot \frac{1-1{,}05^n}{1-1{,}05} \leftrightarrow 50.000 + \frac{4.000 \cdot 1{,}05}{0{,}05} = 1,05^n \cdot \left(20.000 + \frac{4.000 \cdot 1{,}05}{0{,}05}\right) \leftrightarrow n = \frac{\ln \frac{134.000}{104.000}}{\ln 1{,}05} = 5,19$; nach 6 Jahren.
1.2.4 Guthabenaufbau nachschüssig,
$K_n = 3.500 \cdot \frac{1-1{,}04^6}{1-1{,}04} \cdot 1,04^{22} + 5.000 \cdot \frac{1-1{,}04^6}{1-1{,}04} \cdot 1,04^{16} + 7.000 \cdot \frac{1-1{,}04^6}{1-1{,}04} \cdot 1,04^{10} = 185.864,81$ EUR.
a) Guthabenabbau vorschüssig, $0 = 185.864,81 \cdot 1,04^{25} - R \cdot 1,04 \cdot \frac{1-1{,}04^{25}}{1-1{,}04} \leftrightarrow R = \frac{185.864{,}81 \cdot 1{,}04^{25}}{1{,}04 \cdot \frac{1-1{,}04^{25}}{1-1{,}04}} = 11.439,97$ EUR.
b) $K_{18} = \frac{185.864{,}81}{1.04^{10}} = 125.563,60 \rightarrow R \cdot 1,04 \cdot \frac{1-1{,}04^{28}}{1-1{,}04} = 125.563,60 \leftrightarrow R = 4.707,83$ EUR.
1.2.5 Guthabenaufbau nachschüssig,
$K_5 = 10.00 \cdot 1,05^5 + 6.000 \cdot \frac{1-1{,}05^5}{1-1{,}05} = 45.916,60$ EUR.

$45.916,6 = 10.000 \cdot 1,05^n \leftrightarrow n = \frac{\ln(\frac{45.916{,}6}{10.000}}{1{,}05} = 31,24$, es dauert mindestens 32 Jahre.
1.2.6 Guthabenaufbau vorschüssig,
$K_{10} = 10.000 \cdot 1,05^{10} + 500 \cdot 1,05 \cdot \frac{1-1{,}05^{10}}{1-1{,}05} = 22.892,34$ EUR.

$22.892,34 = 12.000 \cdot 1,05^{10} + R \cdot 1,05 \cdot \frac{1-1{,}05^{10}}{1-1{,}05} \leftrightarrow R = 253,32$ EUR.
1.2.7 $9.000 \cdot \frac{1-1{,}035^{15}}{1-1{,}035} = R \cdot 1,035 \cdot \frac{1-1{,}035^{20}}{1-1{,}035} \leftrightarrow R = 5.933,18$ EUR.

1.2.8 a) $R_{2038} = 30.000 \cdot 1,01^{15} = 34.829,07$
b) $50.000 = 30.000 \cdot 1,01^n \leftrightarrow n = \frac{\ln(1,\bar{6})}{\ln 1,01} = 51,34$ Jahre.

6.2 Lösungen Kapitel 2

2.1.1

a) $f(x) = 3x - 5$

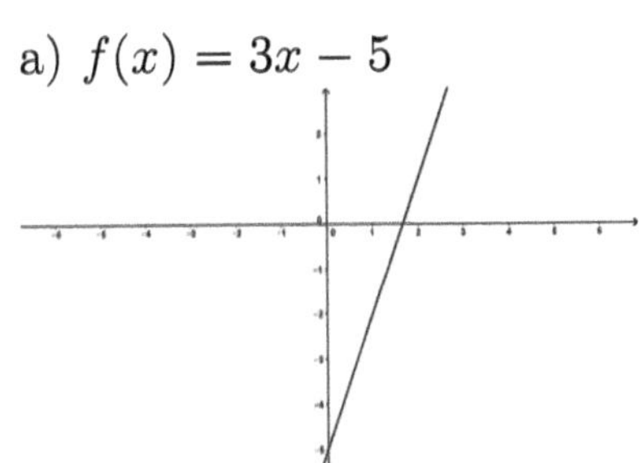

b) $f(x) = x^3 - 1$

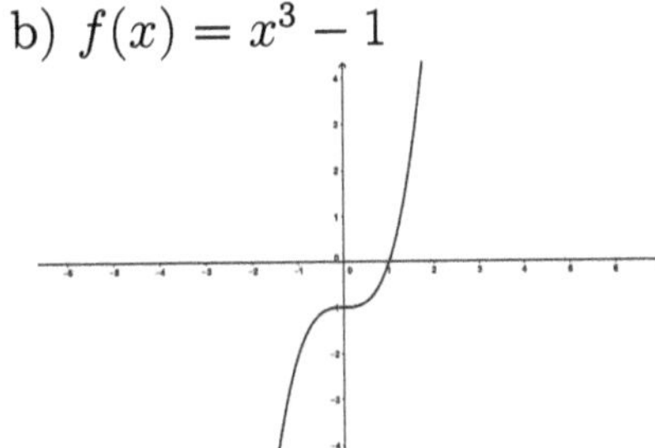

2.1.2 a) $D_f = [\frac{5}{2}, \infty)$, $W_f = [0, \infty)$ b) $D_f = W_f = \mathbb{R}$ c) $D_f = \mathbb{R} \setminus \{-1\}$, $W_f = \mathbb{R} \setminus \{0\}$ d) $D_f = [-1, 4]$, $W_f = [1, 3]$
2.1.3 $K(x) = 3.000 + 100x$, $D_K = \{x | x \in \mathbb{N}_0 \wedge x \leq 250\} = [0, 250] \cap \mathbb{N}$
2.1.4 a) $x_1 = 2, x_2 = 1$ b) $x = 2,5$
2.1.5 a) $f(-x) = -x^3 + x + 1$, nicht symmetrisch. b) $f(-x) = \frac{-x^3 - x^2}{-x+1}$, nicht symmetrisch. c) $f(-x) = \frac{-x}{x^2+1} = -f(x)$, achsensymmetrisch.
2.1.6 a) $-9 \leq f(x)$, nach unten beschränkt. b) $0 \leq f(x)$, nach unten beschränkt.
2.1.7 a) $f(x)$ ist streng monoton wachsend. b) $f(x)$ ist streng monoton wachsend. c) $f(x)$ ist streng monoton fallend.
2.1.8 a) $f(x)$ ist konvex für $x \geq 0$, konkav für $x < 0$. b) $f(x)$ ist konvex.
2.1.9 a) $f(x) = \sqrt{x}$ b) $f(x) = 2x + 1$
2.1.10 a) $f(g(x)) = \sqrt{x^2 - 4x + 3}$ b) $f(g(x)) = 2x^2 - 1$
2.1.11 a) $x = \frac{3}{2}y - 6$ b) $x = -\frac{1}{4}y + \frac{3}{2}$
2.1.12 a) $\lim\limits_{x \to \infty} f(x) = \infty$
b) $\lim\limits_{x \to -2} f(x) = \lim\limits_{x \to -2} \frac{(x-1)(x+2)}{(x+2)^2(x+1)}$, $\lim\limits_{x \to -2^+} f(x) = \infty$, $\lim\limits_{x \to -2^-} f(x) = -\infty$
c) $\lim\limits_{x \to 4} f(x) = \frac{5}{7}$
d) $\lim\limits_{x \to -3} f(x) = -6$
e) $\lim\limits_{x \to 1} f(x) = \lim\limits_{x \to 1} \frac{x}{x^2-1} = \lim\limits_{x \to 1} \frac{x}{(x+1)(x-1)}$, $\lim\limits_{x \to 1^+} f(x) = \infty$, $\lim\limits_{x \to 1^-} f(x) = -\infty$

2.1.13 a) $\lim\limits_{x\to 2^-} f(x) = f(2) = 0$, $\lim\limits_{x\to 2^+} f(x) = -\frac{5}{2} \neq f(2)$, die Funktion ist nicht stetig in $x = 2$. $\lim\limits_{x\to 5^-} f(x) = f(5) = 8$, $\lim\limits_{x\to 5^+} f(x) = \lim\limits_{x\to 5^+} \frac{x^2-9}{x-3} = 8$, die Funktion ist stetig in $x = 8$. $\lim\limits_{x\to 4^+} f(x) = \infty$, $\lim\limits_{x\to 4^-} f(x) = -\infty$
b) $\lim\limits_{x\to 1^-} f(x) = \lim\limits_{x\to 1^-} \frac{x-1}{1+x^2} = 0$, $\lim\limits_{x\to 1^+} f(x) = f(1) = 0$, die Funktion ist stetig in $x = 1$. $\lim\limits_{x\to 2^+} f(x) = -\infty$, $\lim\limits_{x\to 2^-} f(x) = \infty$
c) $\lim\limits_{x\to 8^-} f(x) = f(8) = 10$, $\lim\limits_{x\to 8^+} f(x) = \sqrt{64+36} = 10$, die Funktion ist stetig in $x = 10$. $\lim\limits_{x\to -\frac{1}{2}^+} f(x) = -\infty$, $\lim\limits_{x\to -\frac{1}{2}^-} f(x) = \infty$.
2.1.14 a) $\lim\limits_{x\to 3^-} f(x) = \lim\limits_{x\to 3^+} f(x) \leftrightarrow 3a + 10 = 6a - 5 \leftrightarrow a = 5$
b) $16 - 5 = 4a + 8 \leftrightarrow a = 8$
c) $\sqrt{5-4a} = 2a + 5 \leftrightarrow 5 - 4a = 4a^2 + 20a + 25 \leftrightarrow a_1 = -1 \vee a_2 = -5$
2.2.1 a) $f(x) = (x-1)(x^2+6x+8), x_2 = -4, x_3 = -2$
b) $f(x) = x(x^2-4x-5), x_2 = 5, x_3 = -1$
c) $f(x) = (x+4)(x^2+2x-3), x_2 = -3, x_3 = 1$
2.2.2 a) Nullstellen des Zählers: $x_1 = -9, x_2 = 2$, Nullstellen des Nenners $x_1 = 7, x_2 = 2$, die Nullstelle lautet $x = -9$, für $x = 2$ und $x = 7$ liegen Definitionslücken vor. $\lim\limits_{x\to 2} f(x) = \lim\limits_{x\to 2} \frac{x+9}{x-7} = -\frac{11}{5}$, die Unstetigkeitsstelle ist hebbar. $\lim\limits_{x\to 7^+} f(x) = \infty$, $\lim\limits_{x\to 7^-} f(x) = -\infty$, es liegt eine Polstelle vor.
b) Nullstellen des Zählers $x = \pm 4$ sind Nullstellen von $f(x)$, Definitionslücke $x = -1$. $\lim\limits_{x\to -1^+} f(x) = -\infty$, $\lim\limits_{x\to -1^-} f(x) = \infty$, Polstelle.
c) Nullstellen des Zählers bei $x_1 = 3, x_2 = -5$, Nullstellen des Nenners bei $x = \pm 3$; Nullstelle $x = -5$, Definitionslücken $x = \pm 3$.
$\lim\limits_{x\to 3} f(x) = \lim\limits_{x\to 3} \frac{x+5}{x+3} = \frac{4}{3}$. $\lim\limits_{x\to -3^+} f(x) = \infty$, $\lim\limits_{x\to -3^-} f(x) = -\infty$, Polstelle.
2.2.3 a) $x = \sqrt[5]{x}$ b) $x = \log_2 y$ c) $x = \frac{1}{3}\ln y + \frac{1}{3}$
2.2.4 $\sin(\frac{\pi}{4}) = 0,707$, $\frac{\frac{\pi}{4}}{2\pi} = \frac{\alpha}{360} \leftrightarrow \alpha = 45°$, $\cos(\frac{3}{2}\pi) = 0$, $\frac{\frac{3}{2}\pi}{2\pi} = \frac{\alpha}{360} \leftrightarrow$ $\alpha = 270°$.
2.2.5 a) $W_f = \mathbb{R}$ b) $W_f = [-1,1]$ c) $W_f = \mathbb{R}^+$
2.3.1 a) $50p + 10p = 250 - p^2 \leftrightarrow (p_1 = -20), p_2 = 10 = p_M \rightarrow x_M = 150$
b) $p_M x_M = 150$. c) $p_A(x) = \frac{1}{10}x - 5$
d) $250 - p^2 = 100 + 20p \leftrightarrow (p_1 = -25,81), p_2 = 5,81$
2.3.2 a) $k(x) = x^2 - 9x + 44x + \frac{12}{x}$ b) $E(x) = -2x^2 + 40x$,
$G(x) = -x^3 + 7x^2 - 4x - 12$ c) $G(x) = (x+1)(-x^2+8x-12) = 0$
noindent für $x_1 = -1, x_2 = 6, x_3 = 2$, Gewinnzone $[2,6]$.

2.3.3 a) $K_1(x) = 20{+}0,15x$, $K_2(x) = 30{+}0,1x$ b) $K_1(x) = K_2(x) \leftrightarrow x = 200$
2.3.4 a) $r(x) = \frac{1}{3}x^2 + 20$ b) $r(x) = \frac{1}{2}\sqrt{e^x} + \frac{1}{2}$
2.3.5 a) $c(0) = 420$ b) $S = Y - c(Y) = 0 \leftrightarrow Y^2 - 1.080Y - 176.400 = 0$
$\leftrightarrow (Y_1 < 0), Y_2 = 1.224,11$ EUR.
c) $c(Y) = 0,7Y \leftrightarrow 0,49Y^2 - 2.204,08Y - 360.000 = 0$
$\leftrightarrow (Y_1 < 0), Y_2 = 2.356,83$ EUR.
d) $S = C \leftrightarrow Y - c(Y) = c(Y) \leftrightarrow Y^2 - 4.320Y - 705.600 = 0$
$\leftrightarrow (Y_1 < 0), Y_2 = 4.477,58$ EUR.
2.3.6 a) $K(0) = 101,61$ b) $k(x) = \frac{\ln(2x+5)+100}{x}$, $k(10) = 10,32$
2.3.7 a) $K(r) = 20r$ b) $E(r) = 50x = -10r^3 + 400r^2$
c) $G(r) = -10r^3 + 400r^2 - 20r$ d) $E(10) = 30.000$, $x(10) = 600 \rightarrow \frac{E(10)}{x(10)} = 50$
2.3.8 a) $p(x) = -\frac{1}{2}x + 40, G(x) = -\frac{1}{2}x^2 + 20x - 150$ b) $G(x) = 0$ für $x_1 = 10, x_2 = 30$, Gewinnzone $[10, 30]$.

6.3 Lösungen Kapitel 3

3.1.1 a) $f'(x) = 3x^2{+}24x{-}4$ b) $f'(x) = \cos x{+}6x{-}e^x$ c) $f'(x) = 5x^4 - \frac{1}{2\sqrt{x}} + \frac{1}{x}$
d) $f'(x) = 2^x \cdot \ln x + \sin x + 3$
3.1.2 a) $f'(x) = 2x\cdot(4x^3 - 2x + 8) + (x^2-1)(12x^2-2) = 20x^4 - 18x^2 + 16x + 2$
b) $f'(x) = 2x \cdot \sin x + x^2 \cos x$ c) $f'(x) = \ln x + 1$ d) $f'(x) = \cos^2 x - \sin^2 x$
3.1.3 a) $f'(x) = \frac{(2x-3)\cdot(2x+1)-(x^2-3x)\cdot 2}{(2x+1)^2} = \frac{2x^2+2x-3}{(2x+1)^2}$
b) $f'(x) = \frac{-\sin x\cdot(2x^2-3)-\cos(x)\cdot 4x}{(2x^2-3)^2}$ c) $f'(x) = \frac{e^x(x^2-2x+5)}{(x^2+5)^2}$ d) $f'(x) = \frac{1-\ln x}{x^2}$
3.1.4 a) $f'(x) = \frac{1}{2}(x^3 - 2x + 1)^{-\frac{1}{2}} \cdot (3x^2 - 2)$ b) $f'(x) = \cos(3x - 4) \cdot 3$
c) $f'(x) = \frac{2x}{x^2+3}$
3.1.5 a) $f'(x) = 12x^3 - 15x^2 + 24x - 1, f''(x) = 36x^2 - 30x + 24,$
$f'''(x) = 72x - 30, f^{IV}(x) = 72$
b) $f'(x) = 2x + \frac{1}{x} - e^x, f''(x) = 2 - \frac{1}{x^2} - e^x, f'''(x) = \frac{2}{x^3} - e^x,$
$f^{IV}(x) = -\frac{6}{x^4} - e^x$
c) $f'(x) = -\sin x + 3x^2 - x^{-\frac{1}{2}}, f''(x) = -\cos x + 6x - \frac{1}{2}x^{-\frac{3}{2}},$
$f'''(x) = \sin x + 6 + \frac{3}{4}x^{-\frac{5}{2}}, f^{IV}(x) = \cos x - \frac{15}{8}x^{-\frac{7}{2}}$
d) $f'(x) = 12x \cdot (2x^2 + 1)^2, f''(x) = (2x^2 + 1)(120x^2 + 12),$
$f'''(x) = 960x^3 + 288x, f^{IV}(x) = 2.880x^2 + 288$
3.1.6 a) $f'(x) = \frac{\cos(3x^2+1)\cdot(12x^2+36x)-\sin(3x^2+1)\cdot 2}{(2x+6)^2}$ b) $f'(x) = (2x - 3)e^{x^2-3x}$
c) $f'(x) = 2x\ln(2x - 1) + \frac{2x^2}{2x-1}$ d) $f'(x) = \frac{e^x(3x^2+2x-4)}{2\sqrt{e^x(3x^2-4x}}$

3.1.7 a) $x'(r) = 1,6r - 0,06r^2$ Grenzertrag, $x'(20) = 8$, wird also eine Einheit mehr Rohstoff eingesetzt, steigt der Ertrag um näherungsweise acht Einheiten.
b) $\bar{x}(r) = \frac{x(r)}{r} = 0,8r - 0,02r^2$. $\bar{x}'(r) = 0,8 - 0,04r, \bar{x}'(20) = 0$, der durchschnittliche Ertrag ändert sich für zusätzlich eingesetzte Rohstoffmengen nicht.
3.1.8 a) $C'(Y) = \frac{20}{\sqrt{0,1Y+100}} \cdot 0,1, C'(2.000) = 0,115$, vom nächsten verdienten EUR werden ca. 12 Ct. für Konsum eingesetzt.
b) $S'(Y) = 1 - C'(Y)$, also $S'(2.000) = 1 - 0,115 = 0,885$, es werden ca. 88 Ct. vom nächsten verdienten EUR gespart.
c) $C(Y) = 0,6Y \leftrightarrow 1.600(0,1Y + 100) = 0,36Y^2 \leftrightarrow (Y_1 < 0), Y_2 = 924,95$ EUR.
3.2.1
$dx = x'(100) \cdot 5 = (2,4 \cdot 100 - 0,03 \cdot 100^2) \cdot 5 = 180$, die Produktionsmenge nimmt um 180 Einheiten zu.
3.2.2 a) $f(0) = 60$
b) $w_f = \frac{f'(x)}{f(x)} = \frac{40 \cdot 0,9^t \cdot \ln 0,9}{20+40 \cdot 0,9^t}$, $w_f(1) = -0,0677$, die Temperatur nimmt um ca. 6,77% ab.
c) $f(t) = 40 \leftrightarrow 20 = 40 \cdot 0,9^t \leftrightarrow t = \frac{\ln 0,5}{\ln 0,9} = 6,58$, nach ca. 66 Sekunden ist das Getränk auf 40° C abgekühlt.
3.2.3 a) $\varepsilon_{p_N x} = -0,5\frac{x}{240-0,5x}, \varepsilon_{p_N x}(200) = -0,71$
b) $p_N = p_A \leftrightarrow x = 56, \varepsilon_{p_a x} = 2\frac{x}{100+2x}, \varepsilon_{p_a x}(56) = 0,528$
c) $x_N(p) = -2p + 480, \varepsilon_{x_N p} = -2\frac{p}{-2p+480}, \varepsilon_{x_N p}(200) = -5$
d) $4\frac{p}{-2p+480} = 8 \leftrightarrow 4p = -16p + 3.840 \leftrightarrow p = 192$
3.2.4 a) $\lim\limits_{x \to 1} f(x) = \lim\limits_{x \to 1} \frac{2x+1}{2x} = \frac{3}{2}$ b) $\lim\limits_{x \to 4} f(x) = \lim\limits_{x \to 4} \frac{2x}{\cos(2x-8) \cdot 2} = \frac{4}{1} = 4$
3.2.5 $f(1) = e, f'(x) = e^x(1 + x), f'(1) = 2e, f''(x) = e^x(2 + x), f''(1) = 3e$, $f(x) \approx e + 2e(x - 1) + \frac{3}{2}e(x - 1)^2 = \frac{3}{2}ex^2 - e \cdot x + \frac{1}{2}e$
3.2.6 $f(1) = e - 3, f' = e^x - 1, f'(1) = e - 1, f''(x) = e^x, f''(1) = e$, $|\frac{(e-3) \cdot e}{(e-1)^2}| = 0,259 < 1$, das Verfahren konvergiert.
$x_1 = 1 - \frac{e-3}{e-1} = 1,16395, x_2 = 1,146426926, x_3 = 1,14619326, x_4 = 1,14619322$, $|x_4 - x_3| = 3,961 \cdot 10^{-8}$, x_4 ist Näherung der gesuchten Nullstelle.
3.3.1 a) $f'(x) = 6x - 6 > 0 \leftrightarrow x > 1 \rightarrow$ monoton wachsend
$f'(x) = 6x - 6 < 0 \leftrightarrow x < 1 \rightarrow$ monoton fallend b) $f'(x) = \frac{e^x(1-x)}{(e^x)^2} > 0 \leftrightarrow 1 - x > 0 \leftrightarrow x < 1 \rightarrow$ monoton wachsend
$f'(x) = \frac{e^x(1-x)}{(e^x)^2} < 0 \leftrightarrow 1 - x < 0 \leftrightarrow x > 1 \rightarrow$ monoton fallend

3.3.2 a) $f'(x) = 3x^2 - 4x + 4, f''(x) = 6x - 4 > 0 \leftrightarrow x > \frac{2}{3} \rightarrow$ konvex
$f'(x) = 3x^2 - 4x + 4, f''(x) = 6x - 4 < 0 \leftrightarrow x < \frac{2}{3} \rightarrow$ konkav
b) $f'(x) = (1 - 2x)e^{x-x^2}, f''(x) = e^{x-x^2}(4x^2 - 4x - 1), 4x^2 - 4x - 1 = 0$ für $x_1 = 0,5 + \sqrt{0,5}, x_2 = 0,5 - \sqrt{0,5}$, da eine nach oben geöffnete Parabel vorliegt, gilt
$f''(x) > 0 \leftrightarrow x > 0,5 + \sqrt{0,5}$ und $x < 0,5 - \sqrt{0,5}$, dort konvex
$f''(x) < 0 \leftrightarrow x \in [0,5 - \sqrt{0,5}; 0,5 + \sqrt{0,5}]$, dort konkav
3.3.3 a) $f'(x) = x^3 - 2x^2 + 2x - 1 = (x - 1)(x^2 - x + 1) = 0$ nur für $x = 1$. $f''(x) = 3x^2 - 4x + 2, f''(1) = 1 > 0 \rightarrow$ Minimum, $f(1) = \frac{7}{12}$
b) $f'(x) = e^{x^2-3x}(2x^2 - 3x + 1) = 0$ für $x_1 = 1, x_2 = 0,5$,
$f''(x) = e^{x^2-3x}(4x^3-12x^2+15x-6), f''(1) = \frac{1}{e^2} > 0 \rightarrow$ Minimum, $f(1) = e^{-2}$,
$f''(0,5) = -e^{-1,25} < 0 \rightarrow$ Maximum, $f(0,5) = 0,5e^{-1,25}$.
3.3.4 a) $f'(x) = 3x^3 - 36x + 2, f''(x) = 9x^2 - 36 = 0 \leftrightarrow x = \pm 2, f'''(x) = 18x$, $f'''(2) = 36 > 0$, Wechsel von konkav zu konvex, $f'''(-2) = -36 < 0$, Wechsel von konvex zu konkav.
b) $f'(x) = 2x \ln x + x, f''(x) = 2 \ln x + 3) = 0 \leftrightarrow x = e^{-1,5}$,
$f'''(x) = \frac{2}{x}, f'''(e^{-1,5} = 2e^{1,5} > 0$, Wechsel von konkav zu konvex.
3.3.5

1) Nullstelle $x = 0$
2) Extremwerte: $f'(x) = (-4x^2 + 1)e^{4-2x^2} = 0 \leftrightarrow x = \pm 0,5$
   $f''(x) = (16x^3 - 12x)e^{4-2x^2}, f''(0,5) = -4e^{3,5} < 0 \rightarrow$ Maximum, $f(0,5) = 0,5e^{3,5}$ $f''(-0,5) = 4e^{3,5} > 0 \rightarrow$ Minimum, $f(-0,5) = -0,5e^{3,5}$
3) Wendestellen: $f''(x) = 0 \leftrightarrow x_1 = 0, x_{2,3} = \pm\sqrt{0,75}$,
   $f'''(x) = (-64x^4 + 96x^2 - 12)e^{4-2x^2}$ $f'''(0) = -12e^4 < 0$, Wechsel von konvex zu konkav, $f'''(\sqrt{0,75}) = 24e^{2,5} > 0$, Wechsel von konkav zu konvex, $f'''(-\sqrt{0,75}) = 24e^{2,5} > 0$, Wechsel von konkav zu konvex
4) Grenzwertverhalten: $\lim\limits_{x\to\infty} f(x) = 0 = \lim\limits_{x\to-\infty} f(x)$
5) Grafik:

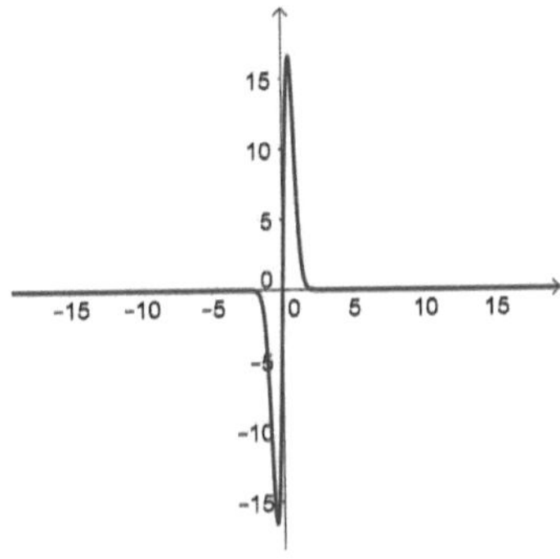

3.3.6 a) $p(x) = 3.700 - 4x$, $G(x) = E(x) - K(x) = -x^3 + 3.675x - 150$, $G'(x) = -3x^2 + 3.675 = 0 \leftrightarrow (x_1 = -35), x_2 = 35$, $G''(x) = -6x$, $G''(35) = -210 < 0 \rightarrow$ Maximum, $G(35) = 85.600$.
b) $k(x) = x^2 - 4x + 25 + \frac{150}{x}, k'(x) = 2x - 4 - \frac{150}{x^2} = 0$
$\leftrightarrow 2x^3 - 4x^2 - 150 = (x-5)(2x^2 + 6x + 30) = 0 \leftrightarrow x = 5$, $k''(x) = 2 + \frac{300}{x^3}$, $k''(5) = 4,4 > 0 \rightarrow$ Minimum
c) $K'(x) = 3x^2 - 8x + 25, K''(x) = 6x - 8 = 0 \leftrightarrow x = \frac{4}{3}, K'''(x) = 6$.
3.3.7 a) $G(x) = -5x^2 + 150x - 320 = 0 \leftrightarrow x_1 = 2,31; x_2 = 27,69$, Gewinnzone $[2,31; 27,69]$
b) $G'(x) = -10x + 150 = 0 \leftrightarrow x = 15, G''(x) = -10 < 0 \rightarrow$ Maximum, $G(15) = 805$.
c) $k(x) = 20x - 2 + \frac{320}{x}, k'(x) = 20 - \frac{320}{x^2} = 0 \leftrightarrow (x_1 = -4), x_2 = 4$
$k''(x) = \frac{640}{x^3}, k''(4) = 10 > 0 \rightarrow$ Minimum, $k(4) = 158$. $x(r) = 6r - 2r^2 = 4 \leftrightarrow r_1 = 1, r_2 = 2$.
3.3.8 a) $S'(Y) = \frac{Y^2 + 10.000Y - 99.995}{(Y+5.000)^2}, C'(Y) = 1 - S'(Y)$
b) $\lim\limits_{Y\to\infty} C(Y) = \lim\limits_{Y\to\infty} Y - S(Y) = \lim\limits_{Y\to\infty} \frac{5.020Y+5}{Y+5.000} = 5.020$ EUR.
c) $\lim\limits_{Y\to\infty} S'(Y) = 1, \lim\limits_{Y\to\infty} C'(Y) = \lim\limits_{Y\to\infty} 1 - S'(Y) = 0$, sinnvoll.
3.3.9 a) $x'(r) = -\frac{1}{120}r^2 + \frac{7}{4}r + 2$ Grenzerträge,
$x''(r) = -\frac{1}{60}r + \frac{7}{4} > 0 \leftrightarrow r < 105 \rightarrow$ steigende Grenzerträge
$x''(r) < 0 \leftrightarrow r > 105 \rightarrow$ sinkende Grenzerträge
$x''(r) = 0 \leftrightarrow r = 105 \rightarrow$ konstante Grenzerträge
b) $x'(r) = 0 \leftrightarrow r^2 - 210r - 240 = 0 \leftrightarrow (r_1 = -1,14), r_2 = 211,14$,
$x''(211,14) = -1,77 < 0 \rightarrow$ Maximum, $x(211,14) = 13.283,64$

6.4 Lösungen Kapitel 4

4.3.1 a) $\int x^2 - \frac{1}{2}x dx = \frac{1}{3}x^3 - \frac{1}{4}x^2 + c, c \in \mathbb{R}$
b) $\int \sin x - e^x + \frac{1}{x} dx = -\cos x - e^x + \ln|x| + c, c \in \mathbb{R}$
c) $\int \sqrt{x} - \frac{1}{x^2} dx = \frac{2}{3}\sqrt{x^3} + \frac{1}{x} + c, c \in \mathbb{R}$
4.3.2 a) $\int_0^5 x^3 - \frac{2}{3}x^2 + x dx = \frac{1}{4}x^4 - \frac{2}{9}x^3 + x|_0^5 = 140,97\bar{2}$
b) $\int_\pi^{2\pi} \cos x - x dx = \sin x - \frac{1}{2}x^2|_\pi^{2\pi} = -\frac{3}{2}\pi^2$
c) $\int_4^{64} e^x - \sqrt{x} dx = e^x - \frac{2}{3}\sqrt{x^3}|_4^{64} = e^{64} - e^4 - 336$
4.3.3 a) $u(x) = x, u'(x) = 1, v'(x) = e^x, v(x) = e^x$
$\rightarrow \int x \cdot e^x dx = x \cdot e^x - \int e^x dx = x \cdot e^x - e^x + c, c \in \mathbb{R}$
b) $z = 3x - 2 \leftrightarrow x = \frac{1}{3}z + \frac{2}{3} \rightarrow dx = \frac{1}{3}dz$

$\rightarrow \int (3x-2)^3 dx = \int z^3 \frac{1}{3} dz = \frac{1}{12} z^4 + c = \frac{1}{12}(3x-2)^4 + c, c \in \mathbb{R}$
c) $z = 2x+6, x = \frac{1}{2}z - 3 \rightarrow dx = \frac{1}{2}dz, \alpha = 2 \cdot 5 + 6 = 16, \beta = 36$
$\rightarrow \int_5^{15} \sqrt{2x+6}dx = \int_{16}^{36} \sqrt{z}\frac{1}{2}dz = \frac{1}{3}\sqrt{z^3}|_{16}^{36} = \frac{152}{3}$
d) $u(x) = x^2, u'(x) = 2x, v'(x) = \cos x, v(x) = \sin x$
$\rightarrow \int_0^{\pi} x^2 \cos x dx = x^2 \sin x|_0^{\pi} - \int_0^{\pi} 2x \sin x dx,$
$u(x) = 2x, u'(x) = 2, v'(x) = \sin x, v(x) = -\cos x \rightarrow$
$\int_0^{\pi} x^2 \cos x dx = x^2 \sin x|_0^{\pi} - (-2x \cos x|_0^{\pi} - \int_0^{\pi} -2\cos x dx)$
$= x^2 \sin x + 2x \cos x - 2 \sin x|_0^{\pi} = 2\pi$
e) $\int_2^x e^r - r^2 dr = e^r - \frac{1}{3}r^3|_2^x = e^x - \frac{1}{3}x^3 - e^2 + \frac{8}{3}$
4.3.4 $\int K'(x)dx = 5x^3 - 30x^2 + 61x + c, K(0) = c = 200$
4.3.5 $p_A = p_N \leftrightarrow -0,1x^2 - 2x + 240 = 0 \leftrightarrow (x_1 = -60), x_2 = 40 = x_M \rightarrow$
$p_M = 140,\ KR = \int_0^{40} 300 - 0,1x^2 - 140dx = 4.266,67$ EUR
$PR = \int_0^{40} 140 - 60 - 2xdx = 1.600$ EUR
4.3.6 $x_A = x_N \leftrightarrow 0,5p^2 + 16p - 450 = 0 \leftrightarrow (p_1 = -50), p_2 = 18 = p_M \rightarrow$
$x_M = 112, p_N^0 = 25, p_A^0 = 10,\ KR = \int_{18}^{25} 400 - 16pdp = 392$ EUR,
$PR = \int_{10}^{18} 0,5p^2 - 50dp = 405,33$ EUR

6.5 Lösungen Kapitel 5

5.1.1

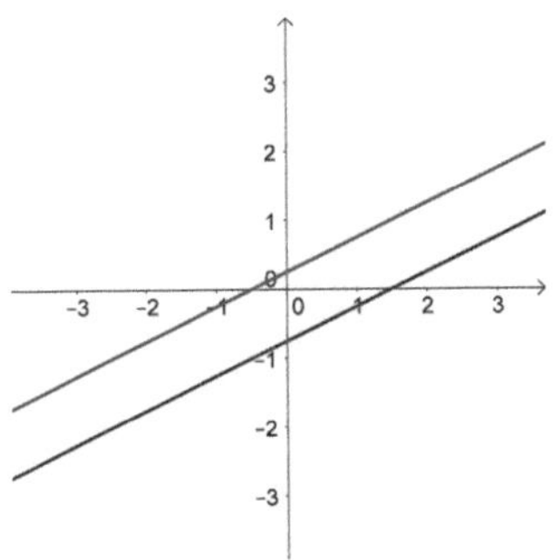

5.1.2 a) $x(5,20) = 38$ b) $x(4,G) = \sqrt{16 \cdot 4 \cdot G} = 38 \leftrightarrow 1.600 = 64G \leftrightarrow$
$G = 25$, 5 Gummibärchen mehr.
5.1.3 $4x = 15(\alpha K)^{0,25}(2R)^{0,75} \leftrightarrow 4 = \alpha^{0,25}2^{0,75} \leftrightarrow \alpha = \left(\frac{4}{2^{0,75}}\right)^4 = 32$, auf das 32− fache.
5.1.4 a) $1,2 + k = 3 \leftrightarrow k = 1,8$
b) Die Menge ändert sich auf das $2^3 = 8$-fache.

5.1.5 a) nicht homogen, da $f(\lambda x_1, \lambda x_2, \lambda x_3) = \lambda^3 x_1^2 x_3 + \lambda^3 x_2^3 + \lambda^4 x_1^2 x_2 x_3$
b) homogen vom Grad 1, da $f(\lambda x_1, \lambda x_2) = \sqrt[5]{\lambda^5(x_1^2 + x_1 x_2^4)} = \lambda f(x)$
c) $f(\lambda x_1, \lambda x_2) = \frac{\lambda^4(x_1^3 x_2 + x_1 x_2^3)}{\sqrt{\lambda^2(x_1^2 + x_1 x_2}} = \frac{\lambda^4}{\lambda} f(x) = \lambda^3 f(x)$
5.2.1 a) $f_x = 6x - y + y^2$, $f_y = -x + 2xy - 3y^2$
b) $f_x = -z\sin(xz) + 2xy^3z^2$, $f_y = 3x^2y^2z^2$, $f_z = -x\sin(xz) + 2x^2y^3z$
c) $f_x = (2x+2)e^{2x-2y}$, $f_y = -2x^2e^{2x-2y}$
d) $f_{x_1} = 2x_1x_3x_4 + \frac{x_2^2 x_4}{2\sqrt{x_1 x_2^2 x_4}}$, $f_{x_2} = \frac{x_1 x_2 x_4}{\sqrt{x_1 x_2^2 x_4}} + x_3^3$, $f_{x_3} = x_1^2 x_4 + 3x_2 x_3^2$,
$f_{x_4} = x_1^2 x_3 + \frac{x_1 x_2^2}{2\sqrt{x_1 x_2^2 x_4}}$
5.2.2

$$\text{a) } \nabla f(x,y) = \begin{pmatrix} y + \frac{2}{x} \\ x + \frac{1}{y} \end{pmatrix} \quad \text{b) } \nabla f(x,y,z) = \begin{pmatrix} y^2 + y^2z^3\cos(xy^2z^3) \\ 2xy + 2xyz^3\cos(xy^2z^3) \\ 3xy^2z^3\cos(xy^2z^3) \end{pmatrix}$$

$$\text{c) } \nabla f(x,y) = \begin{pmatrix} \frac{x^2+2xy-y^2}{(x+y)^2} \\ \frac{-x^2+2xy+y^2}{(x+y)^2} \end{pmatrix} \quad \text{d) } \nabla f(r_1,r_2) = \begin{pmatrix} 2,8r_1^{-0,3}r_2^{0,5} \\ 2r_1^{0,7}r_2^{-0,5} \end{pmatrix}$$

5.2.3 a) $f_x = 3x^2 - 4xy + 2xy^2$, $f_y = -2x^2 + 2x^2y + 4y$
$f_{xx} = 6x - 4y + 2y^2$, $f_{xy} = -4x + 4xy = f_{yx}$, $f_{yy} = 2x^2 + 4$
b) $f_x = \frac{2xy^3z}{2\sqrt{x^2y^3z}} = y^{1,5}z^{0,5}$, $f_y = \frac{3x^2y^2z}{2\sqrt{x^2y^3z}} = 1,5xy^{0,5}z^{0,5}$,
$f_z = \frac{x^2y^3}{2\sqrt{x^2y^3z}} = 0,5xy^{1,5}z^{-0,5}$, $f_{xx} = 0$, $f_{xy} = 1,5y^{0,5}z^{0,5} = f_{yx}$,
$f_{xz} = 0,5y^{1,5}z^{-0,5} = f_{zx}$,
$f_{yy} = 0,75xy^{-0,5}z^{0,5}$, $f_{yz} = 0,75xy^{0,5}z^{-0,5} = f_{zy}$,
$f_{zz} = -0,25xy^{1,5}z^{-1,5}$ c) $f_x = e^{x^2+3y}(2x^2 + 2xy + 1)$, $f_y = e^{x^2+3y}(3x + 3y + 1)$
$f_{xx} = e^{x^2+3y}(4x^3 + 4x^2y + 6x + 2y)$, $f_{xy} = e^{x^2+3y}(6x^2 + 6xy + 2x + 3) = f_{yx}$,
$f_{yy} = e^{x^2+3y}(9x + 9y + 6)$
d) $f_x = \frac{y^2}{(x+y)^2}$, $f_y = \frac{x^2}{(x+y)^2}$, $f_{xx} = -\frac{2y^2}{(x+y)^3}$, $f_{xy} = \frac{2xy}{(x+y)^3}$, $f_{yy} = -\frac{2x^2}{(x+y)^3}$
5.2.4

$$\text{a) } f_x = \frac{2x}{(x^2+y^2}, f_y = \frac{2y}{x^2+y^2}, H_f = \begin{pmatrix} \frac{-2x^2+2y^2}{(x^2+y^2)^2} & -\frac{4xy}{(x^2+y^2)^2} \\ -\frac{4xy}{(x^2+y^2)^2} & \frac{2x^2-2y^2}{(x^2+y^2)^2} \end{pmatrix}$$

$$\text{b) } \nabla f(x,y,z) = \begin{pmatrix} \frac{yz}{2\sqrt{xyz}} + yz \\ \frac{xz}{2\sqrt{xyz}} + xz \\ \frac{xy}{\sqrt{xyz}} + xy \end{pmatrix} = \begin{pmatrix} 0,5x^{-0,5}y^{0,5}z^{0,5} + xz \\ 0,5x^{0,5}y^{-0,5}z^{0,5} + xz \\ 0,5x^{0,5}y^{0,5}z^{-0,5} + xy \end{pmatrix}$$

$$H_f = \begin{pmatrix} -\frac{1}{4}x^{-1,5}y^{0,5}z^{0,5} & \frac{1}{4}x^{-0,5}y^{-0,5}z^{0,5}+z & \frac{1}{4}x^{-0,5}y^{0,5}z^{-0,5}+y \\ \frac{1}{4}x^{-0,5}y^{-0,5}z^{0,5}+z & -\frac{1}{4}x^{0,5}y^{-1,5}z^{0,5} & \frac{1}{4}x^{0,5}y^{-0,5}z^{-0,5}+x \\ \frac{1}{4}x^{-0,5}y^{0,5}z^{-0,5}+y & \frac{1}{4}x^{0,5}y^{-0,5}z^{-0,5}+x & -\frac{1}{4}x^{0,5}y^{0,5}z^{-1,5} \end{pmatrix}$$

c) $x_{r_1} = 9,6r_1^{0,2}r_2^{0,8}, x_{r_2} = 6,4r_1^{1,2}r_2^{-0,2}$,

$$H_x = \begin{pmatrix} 1,92r_1^{-0,8}r_2^{0,8} & 7,68r_1^{0,2}r_2^{-0,2} \\ 7,68r_1^{0,2}r_2^{-0,2} & -1,28r_1^{1,2}r_2^{-1,2} \end{pmatrix}$$

5.3.1 Da eine Cobb-Douglas-Funktion gegeben ist, ist $\lambda = \frac{1}{4} + \frac{1}{2} = \frac{3}{4}$ der Homogenitätsgrad, dieser entspricht der Summe der partiellen Elastizitäten $\varepsilon_{fx} = \frac{1}{4}, \varepsilon_{fy} = \frac{1}{2}$.

5.3.2 $u_{x_1} = 1+14\sqrt{x_2}$, $u_{x_1}(30,25) = 71$, $u_{x_2} = 7\frac{x_1}{\sqrt{x_2}} - 0,2$, $u_{x_2}(30,25) = 41,8$. Wird von X_1 (X_2) eine Einheit mehr konsumiert, steigt der Nutzen um 71 (41, 8) Nutzeneinheiten.

5.3.3 $x_{r_1} = 8r_1 - 2r_2, x_{r_1}(15,40) = 40$, $x_{r_2} = -2r_2 + 2r_1$, $x_{r_2}(15,40) = -50$

a) $dx = x_{r_1}(15,40) \cdot 2,5 = 100$, Output steigt um 100 Einheiten.

b) $dx = x_{r_2}(15,40) \cdot (-1,5) = 75$, Output steigt um 75 Einheiten.

c) $dx = x_{r_1}(15,40) \cdot (-5) + x_{r_2}(15,40) \cdot 3 = -350$, Output sinkt um 350 Einheiten.

5.3.4 $x_{r_1} = \frac{r_2^2}{2\sqrt{r_1}}$, $x_{r_1}(625,2) = 0,08$, $x_{r_2} = 2\sqrt{r_1}r_2, x_{r_2}(625,2) = 100$

a) $\alpha = 0,5, \beta = 2$, $\frac{dr_1}{dr_2} = -\frac{100}{0,08} = -1.250$, für eine zusätzliche Einheit von R_2 können 1.250 Einheiten von R_1 eingespart werden, ohne dass sich das Produktionsniveau ändert.

b) Die Funktion ist homogen vom Grad $\lambda = 2,5$ (Cobb-Douglas-Funktion). Die Produktionsmenge würde sich auf das $2^{2,5}$-fache erhöhen.

c) $\varepsilon_{xr_1} = 0,5, \varepsilon_{xr_2} = 2$, würde von R_1 (R_2) 1% mehr eingesetzt, so steigt die Produktionsmenge um 0, 5 (2) %.

5.3.5 Die Preiserhöhung entspricht $\frac{1,20}{3} = 0,4$, also 40 %. Die Erhöhung der Nachfrage entspricht $\frac{14}{4} = 3,5$, also 350 %. Es ist $\varepsilon_{x_2p_1} = \frac{350}{40} = 8,75$.

5.3.6 a) $\varepsilon_{Xs} = \frac{600s}{-4.000+0,75p+600s}$, $\varepsilon_{Xs}(16,10) = \frac{1500}{503} = 2,982$, die Reaktion ist elastisch.

b) Die Vervierfachung entspricht einer Erhöhung um 300 %, Der Preis müsste um $\frac{300}{2} = 150$ % steigen, also auf 2, 50 EUR.

5.3.7 a) $\varepsilon_{xp_2} = \frac{1}{p_2}, \varepsilon_{xp_2}(10,5) = 0,2,\ \varepsilon_{yp_1} = \frac{2p_1}{250+2p_1-4p_2}, \varepsilon_{yp_1}(10,5) = 0,08$.
b) $E(p_1,p_2) = p_1 \cdot x + p_2 \cdot y = 5p_1^2 p_2 + 250p_2 + 2p_1p_2 - 4p_2^2$, $E_{p_1} = 10p_1p_2 + 2p_2$, $E_{p_2} = 5p_1^2 + 250 + 2p_1 - 8p_2$, $\Delta E = E_{p_1}(10,5) \cdot 5 + E_{p_2}(10,5) \cdot (-2) = 5.640$, der Erlös steigt um 5.640 EUR.

5.3.8

$$\nabla f = \begin{pmatrix} -2x+2y+2 \\ -4y+2x+2z+2 \\ -4z+2y-4 \end{pmatrix} = \begin{pmatrix} 0 \\ 0 \\ 0 \end{pmatrix}, \text{ Lösung: } x=3, y=2, z=0.$$

$$|H_f| = \begin{vmatrix} -2 & 2 & 0 \\ 2 & -4 & 2 \\ 0 & 2 & -4 \end{vmatrix} = -8, |A_1| = -2, |A_2| = 4 \to H_f \prec 0 \to \text{Maximum.}$$

$f(3,2,0) = 5$.

5.3.9 $r_2 = \frac{2}{6}\frac{18}{6} r_1 = r_1 \to 6r_1^{-0,2} = 2 \leftrightarrow r_1 = 243 = r_2$. Es ist $H_G \prec 0$, da $\alpha + \beta = 0,8 < 1$.

5.3.10 $G(x) = p_1x_1 + p_2x_2 - K(x_1+x_2) = -0,2x_1^2 + 16x_1 - x_2^2 + 40x_2 - 100$.

$$\nabla G = \begin{pmatrix} -0,4x_1+16 \\ -2x_2+40 \end{pmatrix} = \begin{pmatrix} 0 \\ 0 \end{pmatrix}, x_1 = 40, x_2 = 20.$$

$$|H_G| = \begin{vmatrix} -0,4 & 0 \\ 0 & -2 \end{vmatrix} = 0,8, |A_1| = -0,4 \to H_G \succ 0 \to \text{Maximum.}$$

Für den maximalen Gewinn können 40 ME auf Markt 1 zum Preis von $p_1 = 36 - 8 = 28$ EUR je ME und 20 ME auf Markt 2 zum Preis von $p_2 = 60 - 20 = 40$ EUR je ME abgesetzt werden.

5.3.11 $x = 5 - 2y, \hat{f}(y) = 3y^2 - 10y + 25, \hat{f}'(y) = 6y - 10 = 0 \leftrightarrow y = \frac{5}{3}$, $\hat{f}''(y) = 6 > 0 \to$ Minimum, $x = \frac{5}{3}$, $f(\frac{5}{3}, \frac{5}{3}) = \frac{50}{3}$.

5.3.12 $A = 200 - 4B, \hat{E}(B) = -423B^2 + 34.686B - 699.800$, $\hat{E}'(B) = -846B + 34.686 = 0 \leftrightarrow B = 41 \to A = 36, \hat{E}''(B) = -846 < 0 \to$ Maximum.

5.3.13 $\alpha = 0,25, \beta = 0,5, c = 2, k_1 = 2, k_2 = 4, r_2 = \frac{2}{4}\frac{0,5}{0,25} r_1 = r_1 \to$ $6r_1 = 60 \leftrightarrow r_1 = 10 = r_2, \lambda = \frac{2 \cdot 0,25}{2} 10^{-0,75} 10^{0,5} = 0,14059$. Die hinreichende Bedingung ist stets erfüllt. Es ist $x(10,10) \approx 11,25$.

5.3.14 $\alpha = 0,8, \beta = 0,2, k_A = 20, k_K = 10, c = 100, K = \frac{20}{10}\frac{0,2}{0,8}A = 0,5A$
a) $x_0 = 10.000 \to 100A^{0,8}(0,5A)^{0,2} = 10.000 \leftrightarrow A = 114,87 \to K = 57,43,$
$\lambda = \frac{20}{100 \cdot 0,8}A^{0,2}K^{-0,2} = 0,2872$
b) $20A + 10K = 40.000 \leftrightarrow 25A = 40.000 \leftrightarrow A = 1.600 \to K = 800,$
$\lambda = \frac{100 \cdot 0,8}{20}1.600^{-0,2}800^{0,2} = 3,4822$, $x(1.600, 800) = 139.288,09.$
c) $\lambda_{a)}$: Mehrproduktion einer Einheit → Kostensteigerung ca. 0, 29 GE
$\lambda_{b)}$: Mehreinsatz einer Geldeinheit → Produktionsmengensteigerung ca. 3, 48 ME.
5.3.15 a) $W_t = 26 - 2t = 0, W_z = 9 - z = 0 \to t = 13, z = 9, |H_W| = 2,$
$|A_1| = -2 \to H_W \prec 0$, das Maximum ergibt sich für 13 Tage Nachhilfe und 9 Pfund Traubenzucker.
b) $50t + 10z = 200 \leftrightarrow z = 20 - 5t \to \hat{E}(t) = 300 + 81t - 13,5t^2,$
$\hat{E}'(t) = 81 - 27t = 0 \leftrightarrow t = 3 \to z = 5, \hat{E}''(t) = -27 < 0 \to$ Maximum.

Literaturhinweise

Dörsam, Peter; Mathematik - anschaulich dargestellt - für Studierende der Wirtschaftswissenschaften; 16. Auflage; 2014; PD-Verlag.

Eichholz, W.; Vilkner, E.; Taschenbuch der Wirtschaftsmathematik; 6. Auflage; 2013; Fachbuchverlag Leipzig im Carl Hanser Verlag.

GeoGebra; Software zur Erstellung der Grafiken, International GeoGebra Institute, http://www.geogebra.org, 2017.

Larek, E.; Analytische Methoden in der Wirtschaft: Analysis, Finanzmathematik; 6. Auflage; 2011; Peter Lang Verlag; Frankfurt.

Schwarze, J.; Mathematik für Wirtschaftswissenschaftler, Band 2: Differential- und Integralrechnung; 13. Auflage; 2010; NWB-Verlag; Herne/Berlin.

Schwenkert, R.; Stry, Y.; Operations Research kompakt; 2015; Springer Gabler; Berlin/Heidelberg.

Timmann, S.; Repetitorium der Analysis, Teil 1; 3. Auflage; 2006; Binomi Verlag.

Timmann, S.; Repetitorium der Analysis, Teil 2; 2. Auflage; 2006; Binomi Verlag.

Stichwortverzeichnis